Shashidhara N. M.

Supercondutividade e energia nuclear

AF568359

Shashidhara N. M.

Supercondutividade e energia nuclear

ScienciaScripts

Imprint
Any brand names and product names mentioned in this book are subject to trademark, brand or patent protection and are trademarks or registered trademarks of their respective holders. The use of brand names, product names, common names, trade names, product descriptions etc. even without a particular marking in this work is in no way to be construed to mean that such names may be regarded as unrestricted in respect of trademark and brand protection legislation and could thus be used by anyone.

Cover image: www.ingimage.com

This book is a translation from the original published under ISBN 978-620-8-41855-7.

Publisher:
Sciencia Scripts
is a trademark of
Dodo Books Indian Ocean Ltd. and OmniScriptum S.R.L publishing group

120 High Road, East Finchley, London, N2 9ED, United Kingdom
Str. Armeneasca 28/1, office 1, Chisinau MD-2012, Republic of Moldova, Europe
Managing Directors: Ieva Konstantinova, Victoria Ursu
info@omniscriptum.com

Printed at: see last page
ISBN: 978-620-3-32816-5

Copyright © Shashidhara N. M.
Copyright © 2025 Dodo Books Indian Ocean Ltd. and OmniScriptum S.R.L publishing group

"Supercondutividade e energia nuclear"

Por

Sr. Shashidhara N M M.Sc., M.Phil,
Professor
Assistente
Departamento
de Física
de Ciências de Sahyadri
Shivamogga-577203, Karnataka,
ÍNDIA

Índice

Supercondutividade

A resistividade eléctrica de todos os metais e ligas diminui quando são arrefecidos. Quando a temperatura é reduzida, a vibração térmica do átomo diminui e os electrões de condução são dispersos com menos frequência. A diminuição da resistência é linear até uma temperatura igual a um terço da queda de temperatura caraterística de Debye.

Para um metal perfeitamente puro, onde o movimento dos electrões é impedido apenas pela vibração térmica da rede, a resistividade deveria aproximar-se de zero à medida que a temperatura se reduz para OK. Esta resistência nula que um hipotético exemplar perfeito adquiriria se pudesse ser arrefecido até ao zero absoluto não é, no entanto, o fenómeno da supercondutividade. Qualquer exemplar real de metal não pode ser perfeitamente puro e conterá algumas impurezas. Assim, os electrões, para além de serem dispersos pelas vibrações térmicas dos átomos da rede, são dispersos pelas impurezas e esta dispersão das impurezas é mais ou menos independente da temperatura. Como resultado, haverá uma certa resistividade residual que se mantém à temperatura mais baixa. Quanto mais impuro for o metal, maior será a sua resistividade residual. Certos metais, no entanto, apresentam um comportamento muito notável: quando são arrefecidos, a sua resistência eléctrica diminui da forma habitual, mas ao atingir uma temperatura alguns graus acima do zero absoluto, perdem subitamente qualquer vestígio de resistência eléctrica. Diz-se então que passaram ao estado supercondutor. A transformação para o estado supercondutor pode ocorrer mesmo que o metal seja tão impuro que, de outra forma, teria uma grande resistividade residual.

Em 1911, num laboratório em Leiden, um cientista holandês observou o notável desaparecimento de toda a resistência eléctrica de um fino capilar de mercúrio metálico colocado num banho de hélio líquido. Setenta e seis anos mais tarde, num laboratório em Huntsville, Alabama, outro cientista viu o mesmo acontecer a uma pastilha de cerâmica esverdeada num banho mais quente de azoto líquido. Os dois acontecimentos, a descoberta original da supercondutividade e a recente descoberta da supercondutividade a alta temperatura, estão ligados por uma história rica em realizações científicas e tecnológicas.

Tratava-se de uma nova observação no domínio da física. Cientistas, incluindo os maiores nomes da ciência, como Einstein, Bohr, Heisenberg, etc., tentaram dar uma explicação teórica, mas o sucesso escapou-lhes. Nesta situação, os teóricos tentaram resolver o problema com diferentes perspectivas e, quando não tiveram êxito, tentaram inventar novos conceitos matemáticos e físicos. Nestas circunstâncias, realizaram uma nova experiência para desvendar alguns aspectos do problema. Foram efectuadas algumas experiências muito críticas, que deram mais validade à teoria. As experiências que serviram de base à teoria são experiências de referência e são conhecidas como os atributos da supercondutividade.

Um íman a levitar sobre um supercondutor de alta temperatura, arrefecido com azoto líquido. Uma corrente eléctrica persistente flui na superfície do supercondutor, agindo para excluir o campo magnético do íman (lei da indução de Faraday). Esta corrente forma efetivamente um eletroíman que repele o íman.

A supercondutividade é um fenómeno de resistência eléctrica exatamente nula e de expulsão de campos magnéticos que ocorre em certos materiais quando arrefecidos abaixo de uma temperatura crítica caraterística. Foi descoberta pelo físico holandês Heike Kamerlingh Onnes em 8 de abril de 1911, em Leiden. Tal como o ferromagnetismo e as linhas espectrais atómicas, a supercondutividade é um fenómeno de mecânica quântica. Caracteriza-se pelo efeito Meissner, a ejeção completa das linhas de campo magnético do interior do supercondutor quando este transita para o estado supercondutor. A ocorrência do efeito Meissner indica que a supercondutividade não pode ser entendida simplesmente como a idealização da condutividade perfeita da física clássica.

A resistividade eléctrica de um condutor metálico diminui gradualmente com o aumento da temperatura. Nos condutores normais, como o cobre ou a prata, esta diminuição é limitada por impurezas e outros defeitos. Mesmo perto do zero absoluto, uma amostra real de um condutor normal apresenta alguma resistência. Num supercondutor, a resistência cai abruptamente para zero quando o material é arrefecido abaixo da sua temperatura crítica. Uma corrente eléctrica que flui através de um laço de fio supercondutor pode persistir indefinidamente sem qualquer fonte de energia.

Em 1986, descobriu-se que alguns materiais cerâmicos de cuprato-perovskite têm uma temperatura crítica superior a 90 K (-183 °C). Uma temperatura de transição tão elevada é teoricamente impossível para um supercondutor convencional, levando a que os materiais sejam designados supercondutores de alta temperatura. O azoto líquido ferve a 77 K, e a supercondução a temperaturas superiores a esta facilita muitas experiências e aplicações que são menos práticas a temperaturas mais baixas.

HISTÓRIA DA SUPERCONDUTIVIDADE

Heike amerlingh Onnes (à direita), o descobridor da supercondutividade A supercondutividade foi descoberta em 8 de abril de 1911 por Heike Kamerlingh Onnes, que estudava a resistência do mercúrio sólido a temperaturas criogénicas, utilizando como refrigerante o hélio líquido recentemente produzido. À temperatura de 4,2 K, observou que a resistência desaparecia abruptamente. Na mesma experiência, observou também a transição superfluida do hélio a 2,2 K. sem reconhecer o seu significado. A data exacta e as circunstâncias da descoberta só foram reconstituídas um século mais tarde, quando o caderno de Onnes foi encontrado. Nas décadas seguintes, a supercondutividade foi observada em vários outros materiais. Em 1913, descobriu-se que o chumbo era supercondutor a 7 K e em 1941 descobriu-se que o nitreto de nióbio era supercondutor a 16 K.

Foram dedicados grandes esforços para descobrir como e porquê a supercondutividade funciona; o passo importante ocorreu em 1933, quando Meissner e Ochsenfeld descobriram que os supercondutores expeliam campos magnéticos aplicados, um fenómeno que veio a ser conhecido como efeito Meissner. Em 1935, Fritz e Heinz London mostraram que o efeito Meissner era uma consequência da minimização da energia livre electromagnética transportada pela corrente supercondutora.

O fenómeno da supercondutividade foi descoberto por Kamerlingh Onnes em 1911, em mercúrio metálico abaixo de 4K (-269,15 °C). Durante setenta e cinco anos, os investigadores tentaram observar a supercondutividade a temperaturas cada vez mais elevadas. No final dos anos 70, a supercondutividade foi observada em certos óxidos metálicos a temperaturas tão elevadas como 13 K (-260,1 °C), muito superiores às dos metais elementares. Em 1986, J. Georg Bednorz e K Alex Muller, trabalhando no laboratório de investigação da IBM perto de Zurique, na Suíça, estavam a explorar uma nova classe de cerâmicas para a supercondutividade. Bednorz encontrou um composto dopado com bário de lantânio e óxido de cobre, cuja resistência descia até zero a uma temperatura de cerca de 35 K (-238,2 °C). Os seus resultados foram rapidamente confirmados por muitos grupos, nomeadamente Paul Chu na Universidade de Houston e Shoji Tanaka na Universidade de Tóquio

Pouco tempo depois, P. W. Anderson, da Universidade de Princeton, apresentou a primeira descrição teórica destes materiais, utilizando a teoria da ligação de valência ressonante, mas a compreensão total destes materiais ainda está a ser desenvolvida atualmente. Atualmente, sabe-se que estes supercondutores possuem uma simetria de pares de onda d. A primeira proposta de que a supercondutividade dos cuprites de alta temperatura envolve o emparelhamento de ondas d foi feita em 1987 por Bickers, Scalapino e Scalettar, seguida de três teorias subsequentes em 1988 por Inui, Doniach, Hirschfield e Ruckenstein, utilizando a teoria da flutuação de spin, e por Gros, Poilblanc, Rice e Zhang, e por Kotliar e Liu identificando o emparelhamento de ondas d como uma consequência natural da teoria RVB. A confirmação da natureza de onda d dos supercondutores de cuprite foi feita através de uma série de experiências, incluindo a observação direta dos nós de onda d no espetro de excitação através da espetroscopia de fotoemissão resolvida angularmente, a observação de um fluxo meio inteiro em experiências de tunelamento e, indiretamente, a partir da dependência da temperatura da profundidade de penetração, do calor específico e da condutividade térmica.

O supercondutor com a temperatura de transição mais elevada que foi confirmada por vários grupos de investigação independentes (um pré-requisito para ser chamado de descoberta, verificada por revisão pelos pares) é o óxido de cobre, cálcio e bário de mercúrio ($HgBa_2Ca_2Cu3Os$) a cerca de 133 K. Após mais de vinte anos de investigação intensiva, a origem da supercondutividade a alta temperatura ainda não é clara, mas parece que, em vez de mecanismos de atração eletrão-fão, como na supercondutividade convencional, se está a lidar com mecanismos electrónicos genuínos (por exemplo, por correlações antiferromagnéticas) e, em vez de emparelhamento de ondas s, as ondas d são substanciais. Um dos objectivos de toda esta investigação é a supercondutividade à temperatura ambiente.

Teoria de Londres

A primeira teoria fenomenológica da supercondutividade foi a teoria de London. Foi apresentada pelos irmãos Fritz e Heinz London em 1935, pouco depois da descoberta de que os campos magnéticos são expulsos dos supercondutores. Um dos principais triunfos das equações desta teoria é a sua capacidade de explicar o efeito

Meissner, em que um material expulsa exponencialmente todos os campos magnéticos internos à medida que ultrapassa o limiar supercondutor. Utilizando a equação de London, é possível obter a dependência do campo magnético no interior do supercondutor com a distância à superfície. Existem duas equações de London:

$$\frac{\delta js}{\delta t} = \frac{nse^2}{m}\boldsymbol{E} \qquad \nabla \times \boldsymbol{js} = -\frac{nse^2}{m}\boldsymbol{B}$$

A primeira equação resulta da segunda lei de Newton para os electrões supercondutores.

Teorias convencionais (década de 1950)

Durante a década de 1950, os físicos teóricos da matéria condensada chegaram a uma compreensão sólida da supercondutividade "convencional", através de um par de teorias notáveis e importantes: a teoria fenomenológica de Ginsburg-Landau (1950) e a teoria microscópica BCS (1957). Em 1950, a teoria fenomenológica da supercondutividade de Ginsburg-Landau foi concebida por Landau e Ginsburg. Esta teoria, que combinava a teoria de Landau das transições de fase de segunda ordem com uma equação de onda do tipo Schrödinger, teve grande sucesso na explicação das propriedades macroscópicas dos supercondutores. Em particular, Abrikosov mostrou que a teoria de Ginsburg-Landau prevê a divisão dos supercondutores nas duas categorias atualmente designadas por Tipo I e Tipo II. Abrikosov e Ginsburg receberam o Prémio Nobel de 2003 pelo seu trabalho (Landau tinha recebido o Prémio Nobel de 1962 por outros trabalhos e morreu em 1968). A extensão quadridimensional da teoria de Ginsburg-Landau, o modelo de Coleman-Weinberg, é importante na teoria quântica dos campos e na cosmologia.

Também em 1950, Maxwell e Reynolds et al. descobriram que a temperatura crítica de um supercondutor depende da massa isotópica do elemento constituinte. Esta importante descoberta apontou a interação eletrão-fão como o mecanismo microscópico responsável pela supercondutividade.

A teoria microscópica completa da supercondutividade foi finalmente proposta em 1957 por Bardeen, Cooper e Schrieffer. Esta teoria BCS explicava a corrente supercondutora como um superfluido de pares de Cooper, pares de electrões que interagem através da troca de fónons. Por este trabalho, os autores foram galardoados com o Prémio Nobel em 1972.

A teoria BCS foi estabelecida em bases mais sólidas em 1958, quando N.

N. Bogolyubov mostrou que a função de onda BCS, que tinha sido originalmente derivada de um argumento de variação, podia ser obtida utilizando uma transformação canónica do Hamiltoniano eletrónico. Em 1959, Lev Gor'kov mostrou que a teoria BCS se reduzia à teoria de Ginsburg-Landau perto da temperatura crítica. As generalizações da teoria BCS para os supercondutores convencionais constituem a base para a compreensão do fenómeno da superfluidez, porque se enquadram na classe de universalidade da transição Lambda. A medida em que tais generalizações podem ser aplicadas a supercondutores não convencionais é ainda controversa

Mais história

A primeira aplicação prática da supercondutividade foi desenvolvida em 1954 com a invenção do criotrão por Dudley Allen Buck. Dois supercondutores com valores muito diferentes de campo magnético crítico são combinados para produzir um interrutor rápido e simples para elementos de computador.

1962, o primeiro fio supercondutor comercial, uma liga de nióbio-titânio, foi desenvolvido por investigadores da Westinghouse, permitindo a construção dos primeiros ímanes supercondutores práticos. No mesmo ano, Josephson fez a importante previsão teórica de que uma super corrente pode fluir entre dois pedaços de supercondutor separados por uma fina camada de isolante. Este fenómeno, agora designado por efeito Josephson, é explorado por dispositivos supercondutores como os SQUIDs. É utilizado nas medições mais exactas disponíveis do fluxo magnético quantum = h/(2e), em que h é a constante de Planck. Juntamente com a resistividade quântica de Hall, isto conduz a uma medição exacta da constante de Planck. Josephson foi galardoado com o Prémio Nobel por este trabalho em 1973.

Em 2008, foi proposto que o mesmo mecanismo que produz a supercondutividade poderia produzir um estado superisolante em alguns materiais, com uma resistência eléctrica quase infinita.

O que é a supercondutividade?

Os supercondutores são materiais que conduzem eletricidade sem resistência. Isto significa que, ao contrário dos condutores mais conhecidos, como o cobre ou o aço, um supercondutor pode transportar uma corrente indefinidamente sem perder qualquer energia. Têm também várias propriedades muito importantes, como o facto de não poder existir qualquer campo magnético dentro de um supercondutor.

Os supercondutores já mudaram drasticamente o mundo da medicina, com o advento das máquinas de ressonância magnética, que implicaram uma redução das cirurgias exploratórias. A utilização de energia, as empresas electrónicas, as forças armadas, os transportes e a física teórica beneficiaram fortemente com a descoberta destes materiais.

SUPERCONDUTOR DE TIPO I

O interior de um supercondutor a granel não pode ser penetrado por um campo magnético fraco, um fenómeno conhecido como efeito Meissner. Quando o campo magnético aplicado se torna demasiado grande, a supercondutividade quebra-se. Os supercondutores podem ser divididos em dois tipos, de acordo com a forma como esta quebra ocorre. Nos **supercondutores de tipo I**, a supercondutividade é abruptamente destruída através de uma transição de fase de primeira ordem quando a intensidade do campo aplicado se eleva acima de um valor crítico H.. Este tipo de supercondutividade é normalmente exibido por metais puros, por exemplo, alumínio, chumbo e mercúrio.

Dependendo do fator de desmagnetização, pode obter-se um estado intermédio. Este estado, descrito pela primeira vez por Lev Landau, é uma separação de fases em domínios macroscópicos não supercondutores e supercondutores. Este comportamento é diferente dos supercondutores do tipo II, que apresentam dois campos magnéticos críticos. O primeiro campo crítico, mais baixo, ocorre quando os vórtices de fluxo magnético penetram no material, mas o material permanece supercondutor fora destes vórtices microscópicos. Quando a densidade de vórtices se torna demasiado grande, todo o material se torna não-supercondutor; isto corresponde ao segundo campo crítico mais elevado.

A razão entre a profundidade de penetração de London λ e o comprimento de coerência supercondutor determina se um supercondutor é do tipo-1 ou do tipo-II. Os supercondutores do tipo-1 são aqueles com $0< \lambda /\xi< 1/\sqrt{2}$, e os supercondutores do tipo-II são aqueles com $\lambda /\xi > 1/\sqrt{2}$.

SUPERCOUNDCTOR DE TIPO -II

Existem materiais supercondutores para os quais a magnetização varia com o campo aplicado. Estes materiais são designados por materiais supercondutores do tipo 11 e são amplamente utilizados em diversas aplicações, por exemplo, ímanes e aplicações energéticas. Para estes materiais existem dois campos críticos: O inferior Be e o superiorBe2. O fluxo magnético é completamente expulso apenas até ao campoBe1, tal como acontece com um supercondutor de tipo I abaixo de Be. No entanto, a partir de um campo superior a Be1, o fluxo começa a penetrar no supercondutor em filamentos microscópicos chamados vórtices, que formam uma rede regular (triangular). Cada vórtice é constituído por um núcleo normal no qual o campo magnético é grande, rodeado por uma região supercondutora, e pode ser aproximado por um cilindro com o seu eixo paralelo ao campo magnético externo. No interior do cilindro, o parâmetro de ordem supercondutor pis é zero. O raio do cilindro é o comprimento de coerência. A super corrente circula em torno do vórtice numa área ~ 2, a profundidade de penetração. Obviamente, num campo aplicado menor que Bc1, o supercondutor tipo-Il comporta-se como um supercondutor tipo-I abaixo de Be. Para campos compreendidos entre Bc1 e Be o fluxo magnético penetra parcialmente no material, embora este ainda se encontre no estado supercondutor. Acima de Be2 o material volta ao estado normal.

Entre Bc1 e Bc2, diz-se que os supercondutores se encontram no estado misto. O valor máximo observado para o Bc2 superior é de cerca de 800.000 gauss. O efeito Meissner para o estado misto é parcial. Para todos os campos aplicados Bc1<Bc<Bc2, o fluxo magnético penetra parcialmente no espécime supercondutor sob a forma de minúsculos campos microscópicos chamados vórtices

Nos supercondutores convencionais, a teoria de Abrikosov conduz às propriedades cinéticas associadas ao movimento termicamente ativado dos vórtices, que é restringido por centros de fixação. Nos supercondutores tridimensionais a baixas temperaturas, o equilíbrio dos vórtices é muito lento devido ao seu carácter macroscópico.

No entanto, nas películas finas, a criação de pares vértice-antivórtice custa energia da ordem de algunsk,T, pelo que os vórtices se comportam como verdadeiros graus de liberdade termodinâmicos a baixas temperaturas.
Em combinação com o carácter bidimensional da rede de vórtices em películas finas, isto leva à fusão da rede de vórtices de Abrikosov a temperaturas relativamente baixas e

a uma transição para o regime Kosterlitz-Thousless.

Um aspeto notável dos cuprites HTSC é o acoplamento bastante fraco entre as camadas de óxido de cobre (dependendo dos pormenores da química do composto), pelo que, em muitos aspectos, as suas propriedades estão mais próximas das das películas finas do que das dos supercondutores a granel.

O diâmetro de um vórtice nos supercondutores convencionais é tipicamente de 100 nm. É constituído por um núcleo normal, no qual o campo magnético é grande, rodeado por uma região percondutora su*o* bsupercondutora, na qual flui uma super corrente persistente que mantém o campo no interior do núcleo.

Cada vórtice transporta um fluxo magnético dado por

$$\emptyset_0 = \frac{h}{2e} = 2{,}067\times 10^{-15} \text{ weber}$$

A indução magnética B está diretamente relacionada com o número de vórtices por m ^ 2 n como

$$B = n\emptyset_0$$

Devemos notar que a criação de vórtices mantém a energia magnética mais pequena do que a energia de condensação, pelo que a energia livre global do estado misto num supercondutor de tipo II permanece (termodinamicamente) mais favorável do que o estado normal, mesmo até campos magnéticos elevados.

A corrente desloca os vórtices e isto cria uma dissipação de energia não desejável. O vórtice em movimento cria um campo elétrico.

$$E = \frac{d\emptyset}{dt}$$

Na presença de um campo E, a corrente J dissipa energia E. J. Esta dissipação de energia é equivalente à resistividade. Teoricamente, as correntes críticas dos supercondutores de tipo II são fracas; mais fracas ainda para pequenos valores de B c1 com B c2 que é bastante grande. Para este efeito, é necessário impedir o movimento dos vórtices de modo a que a corrente crítica não limite B c1. Para este efeito, é necessário criar locais de onde o vórtice não possa sair sem grandes aumentos de energia. Por exemplo, nos supercondutores convencionais do tipo II, podem encontrar-se pequenas inclusões de

Metal incorporado no supercondutor. O vórtice ficará preso a essa inclusão, uma vez que não tem de gastar energia para destruir a supercondutividade nessa inclusão. O tamanho típico de uma inclusão eficiente é o comprimento de coerência, o diâmetro do tubo que é o estado normal dentro do vórtice. Obviamente, as homogeneidades em distâncias da ordem do comprimento de coerência são responsáveis pela obtenção de correntes muito elevadas em alguns materiais como o Nb-Ti.

Nos cuprites HTSC onde o & é muito curto ~10 A°, não é óbvio como controlar os locais de fixação dos vórtices.

Uma vez que a supercorrente pode fluir no estado misto através das regiões supercondutoras entre vórtices, os supercondutores do tipo II permitem a construção de fios para ímanes de alto campo?

Um material do tipo I pode passar a ser do tipo II com a substituição de algumas impurezas. Por exemplo, o Pb, um supercondutor de tipo I com Be1600 G a 4K, quando lhe é adicionado 2 wt% de índio, torna-se um supercondutor de tipo II com Bes≈ 400 G e Bc2 = 1000 G. Ao adicionar 20 wt% de índio no supercondutor de tipo I, obtém-se um supercondutor de tipo II com Bc1 70 G e Bc23600 Gis. É de notar que a área dentro da curva M-B permanece constante à medida que o material passa do tipo-I para o tipo-II com a substituição de impurezas.

PROPRIEDADES

EFEITO DO CAMPO MAGNÉTICO

O estado supercondutor de um metal existe apenas numa determinada gama de temperatura e intensidade de campo. A condição para que o estado supercondutor exista no metal é que alguma combinação de temperatura e intensidade de campo seja inferior a um valor crítico. A supercondutividade desaparecerá se a temperatura da amostra for elevada acima da sua Tc, ou se for empregue um campo magnético suficientemente forte.

Onde He é a intensidade de campo crítica máxima à temperatura T. Ho é a intensidade de campo crítica máxima que ocorre no zero absoluto, e Te é a temperatura crítica para a supercondutividade. Assim, a equação acima define uma curva que divide a região normal do diagrama de temperatura de campo do metal da região supercondutora.

A.C.RESTIVIDADE

O facto de o metal supercondutor não ter resistência significa, naturalmente, que não há queda de tensão ao longo do metal quando uma corrente passa através dele e que não é gerada energia pela passagem da corrente. No entanto, isto só é rigorosamente verdade para uma corrente contínua de valor constante. Se a corrente variar, desenvolve-se um campo elétrico e é dissipada alguma energia.

CORRENTES CRÍTICAS

O campo magnético que faz com que um supercondutor passe de um estado supercondutor para um estado normal não precisa de ser provocado por um campo externo aplicado, podendo surgir como resultado do fluxo de corrente eléctrica no condutor. A corrente mínima que pode ser passada numa amostra sem destruir a sua supercondutividade é chamada corrente crítica.

EXCLUSÃO DE FLUXOS: O EFEITO MEISSNER

Partiu-se do princípio de que o efeito de um campo magnético num supercondutor seria idêntico ao de um metal. No entanto, em 1933, Meissner mediu a distribuição do fluxo no exterior de espécimes de estanho e de chumbo que tinham sido arrefecidos abaixo da sua temperatura de transição enquanto estavam num campo magnético. Verificaram que, à sua temperatura de transição, os espécimes se tornavam espontaneamente perfeitamente diamagnéticos, cancelando todo o fluxo no seu interior, apesar de terem sido arrefecidos num campo magnético.

PROPRIEDADES TÉRMICAS

Entropia

Em todos os supercondutores, a entropia diminui acentuadamente com o arrefecimento abaixo da temperatura crítica.

Sabemos que a entropia é a desordem de um sistema e, portanto, a diminuição observada na entropia entre o estado normal e o estado supercondutor diz-nos que o estado supercondutor é mais ordenado do que o estado normal.

Calor específico

O primeiro termo da equação é o calor específico do eletrão no metal e o segundo termo é a contribuição da vibração da rede a baixa temperatura. O calor específico do supercondutor dá um salto à temperatura Tc. Uma vez que a supercondutividade afecta principalmente o eletrão, é natural assumir que a parte da vibração da rede não é afetada, ou seja, tem o mesmo valor BT^3 no estado normal e no estado supercondutor. Ao subtrair este

Ces (T) Aexp (-/Kt)

Esta forma exponencial é uma indicação da existência de um intervalo finito no espetro de energia do eletrão que separa o estado fundamental do estado inferior.

Condutividade térmica

A condutividade térmica de um supercondutor sofre uma alteração contínua entre as duas fases e é normalmente mais baixa na fase supercondutora, o que sugere que a contribuição eletrónica deixa cair os electrões supercondutores, possivelmente não desempenhando qualquer papel na transferência de calor.

A maioria das propriedades físicas dos supercondutores varia de material para material, como a capacidade térmica e a temperatura crítica, o campo crítico e a densidade de corrente crítica em que a supercondutividade é destruída.

Por outro lado, existe uma classe de propriedades que são independentes do material subjacente. Por exemplo, todos os supercondutores têm uma resistividade exatamente nula a baixas correntes aplicadas quando não há campo magnético presente ou quando o campo aplicado não excede um valor crítico. A existência destas propriedades "universais" implica que a supercondutividade é uma fase termodinâmica, possuindo assim certas propriedades distintivas que são largamente independentes dos pormenores microscópicos.

Resistência eléctrica DC nula

Cabos eléctricos para os aceleradores do CERN, tanto os cabos maciços como os finos têm uma capacidade nominal de 12 500 A. Em cima: cabos convencionais para o LEP; em baixo: cabos à base de supercondutores para o LHC. O método mais simples para medir a resistência eléctrica de uma amostra de um material é colocá-la num circuito elétrico em série com uma fonte de corrente / e medir a tensão resultante V através da amostra. A resistência da amostra é dada pela lei de Ohm como R = V/I. Se a tensão for zero, isso significa que a resistência é zero.

Os supercondutores são também capazes de manter uma corrente sem qualquer tensão aplicada, uma propriedade explorada em electroímanes supercondutores como os que se encontram nas máquinas de ressonância magnética. As experiências demonstraram que as correntes nas bobinas supercondutoras podem persistir durante anos sem qualquer degradação mensurável. As provas experimentais apontam para um tempo de vida útil da corrente de, pelo menos, 100.000 anos. As estimativas teóricas para o tempo de vida de uma corrente persistente podem exceder o tempo de vida estimado do universo, dependendo da geometria do fio e da temperatura.

Num condutor normal, uma corrente eléctrica pode ser visualizada como um fluido de electrões que se desloca através de uma rede iónica pesada. Os electrões estão constantemente a colidir com os iões da rede e, durante cada colisão, parte da energia transportada pela corrente é absorvida pela rede e convertida em calor, que é essencialmente a energia cinética vibracional dos iões da rede. Assim, a energia transportada pela corrente está constantemente a ser dissipada. Este é o fenómeno da resistência eléctrica.

A situação é diferente num supercondutor. Num supercondutor convencional, o fluido eletrónico não pode ser resolvido em electrões individuais. Em vez disso, consiste em pares de electrões ligados, conhecidos como pares de Cooper. Este emparelhamento é causado por uma força atractiva entre os electrões resultante da troca de fonões. Devido à mecânica quântica, o espetro de energia deste fluido de pares de Cooper possui um intervalo de energia, o que significa que existe uma quantidade mínima de energiaΔ E que deve ser fornecida para excitar o fluido. Assim, seΔ E for maior do que a energia térmica da rede, dada por kT, em que k é a constante de Boltzmann e 7 é a temperatura, o fluido não será disperso pela rede. O fluido do par de Cooper é, portanto, um superfluido, o que significa que pode fluir sem dissipação de energia.

Numa classe de supercondutores conhecida como supercondutores de tipo II, incluindo todos os supercondutores de alta temperatura conhecidos, aparece uma quantidade extremamente pequena de resistividade a temperaturas não muito abaixo da transição supercondutora nominal quando é aplicada uma corrente eléctrica em conjunto com um forte campo magnético, que pode ser causado pela corrente eléctrica. Isto deve-se ao movimento de vórtices magnéticos no superfluido eletrónico, que dissipa parte da energia transportada pela corrente. Se a corrente for suficientemente pequena, os vórtices ficam estacionários e a resistividade desaparece. A resistência devida a este efeito é ínfima quando comparada com a dos materiais não supercondutores, mas deve ser tida em conta nas experiências sensíveis. No entanto, à medida que a temperatura diminui suficientemente abaixo da transição supercondutora nominal, estes vórtices podem congelar numa fase desordenada mas estacionária, conhecida como "vidro de vórtice". Abaixo desta temperatura de transição de vidro de vórtice, a resistência do material torna-se verdadeiramente zero.

Transição de fase supercondutora

Comportamento da capacidade térmica (c., azul) e da resistividade (p, verde) na transição de fase supercondutora. Nos materiais supercondutores, as caraterísticas da supercondutividade aparecem quando a temperatura T é reduzida abaixo de uma **temperatura crítica** Tc. O valor desta temperatura crítica varia de material para material. Os supercondutores convencionais têm normalmente temperaturas críticas que variam entre cerca de 20 K e menos de 1 K. O mercúrio sólido, por exemplo, tem uma temperatura crítica de 4,2 K. A partir de 2009, a temperatura crítica mais elevada encontrada para um supercondutor "convencional" é de 39 K para o diboreto de magnésio (MgB_2),[7][8] embora este material apresente propriedades suficientemente exóticas para que haja dúvidas quanto à sua classificação como supercondutor "convencional". (9) Os supercondutores de cuprite podem ter temperaturas críticas muito mais elevadas: O $YBa_2Cu_3O_7$, um dos primeiros supercondutores de cuprites a ser descoberto, tem uma temperatura crítica de 92 K, e foram encontrados cuprites à base de mercúrio com temperaturas críticas superiores a 130 K. A explicação para estas elevadas temperaturas críticas permanece desconhecida. O emparelhamento de electrões devido a trocas de fões explica a supercondutividade nos supercondutores convencionais, mas não explica a supercondutividade nos supercondutores mais recentes que têm uma temperatura crítica muito elevada.

Do mesmo modo, a uma temperatura fixa inferior à temperatura crítica, os materiais supercondutores deixam de ser supercondutores quando é aplicado um campo magnético externo superior ao campo magnético crítico. Isto deve-se ao facto de a energia livre de Gibbs da fase supercondutora aumentar quadraticamente com o campo magnético, enquanto a energia livre da fase normal é praticamente independente do campo magnético. Se o material for supercondutor na ausência de um campo, então a energia livre da fase supercondutora é menor do que a da fase normal e, assim, para um valor finito do campo magnético (proporcional à raiz quadrada da diferença das energias livres no campo magnético zero), as duas energias livres serão iguais e ocorrerá uma transição de fase para a fase normal. De um modo mais geral, uma temperatura mais elevada e um campo magnético mais forte conduzem a uma menor fração de electrões na banda supercondutora e, consequentemente, a uma maior profundidade de penetração em Londres de campos magnéticos e correntes externas. A profundidade de penetração torna-se infinita na transição de fase.

O início da supercondutividade é acompanhado por alterações abruptas em várias propriedades físicas, o que constitui a marca de uma transição de fase. Por exemplo, a capacidade térmica eletrónica é proporcional à temperatura no regime normal (não supercondutor). Na transição para o regime supercondutor, sofre um salto descontínuo e, a partir daí, deixa de ser linear. A baixas temperaturas, varia em vez disso como ea para uma constante, a. Este comportamento exponencial é uma das provas da existência do intervalo de energia.

A ordem da transição de fase do supercondutor foi durante muito tempo objeto de debate. As experiências indicam que a transição é de segunda ordem, o que significa que não há calor latente. No entanto, na presença de um campo magnético externo, há calor latente, porque a fase supercondutora tem uma entropia inferior à da fase normal abaixo da temperatura crítica. Foi demonstrado experimentalmente que, como consequência, quando o campo magnético é aumentado para além do campo crítico, a transição de fase resultante conduz a uma diminuição da temperatura do material supercondutor.

Cálculos efectuados na década de 1970 sugeriram que pode, na realidade, ser fracamente de primeira ordem devido ao efeito de flutuações de longo alcance no campo eletromagnético. Na década de 1980, foi demonstrado teoricamente, com a ajuda de uma teoria de campos desordenados, na qual as linhas de vórtice do supercondutor desempenham um papel importante, que a transição é de segunda ordem no regime de tipo II e de primeira ordem (ou seja, calor latente) no regime de tipo I, e que as duas regiões estão separadas por um ponto tri-crítico. Os resultados foram fortemente apoiados por simulações computacionais de Monte Carlo.

EFEITO MEISSNER

Quando um supercondutor é colocado num campo magnético externo fraco H, e arrefecido abaixo da sua temperatura de transição, o campo magnético é ejectado. O efeito Meissner não faz com que o campo seja completamente ejectado mas, em vez disso, o campo penetra no supercondutor mas apenas a uma distância muito pequena, caracterizada por um parâmetro 2, chamado profundidade de penetração de London, que decai exponencialmente até zero no interior da massa do material. O efeito Meissner é uma caraterística que define a supercondutividade. Para a maioria dos supercondutores, a profundidade de penetração de London é da ordem dos 100 nm.

O efeito Meissner é por vezes confundido com o tipo de diamagnetismo que seria de esperar num condutor elétrico perfeito: de acordo com a lei de Lenz, quando um campo magnético variável é aplicado a um condutor, este induzirá uma corrente eléctrica no condutor que cria um campo magnético oposto. Num condutor perfeito, pode ser induzida uma corrente arbitrariamente grande e o campo magnético resultante anula exatamente o campo aplicado.

O efeito Meissner é distinto deste, é a expulsão espontânea que ocorre durante a transição para a supercondutividade. Suponhamos que temos um material no seu estado normal, contendo um campo magnético interno constante. Quando o material é arrefecido abaixo da temperatura crítica, observamos a expulsão abrupta do campo magnético interno, o que não seria de esperar com base na lei de Lenz.

O efeito Meissner recebeu uma explicação fenomenológica dos irmãos Fritz e Heinz London, que demonstraram que a energia livre electromagnética num supercondutor é minimizada desde que

$$\nabla^2 H = \lambda^{-2} H$$

em que **H** é o campo magnético eλ . é a profundidade de penetração de London.

Esta equação, que é conhecida como equação de London, prevê que o campo magnético num supercondutor decai exponencialmente a partir de qualquer valor que possua à superfície.

Diz-se que um supercondutor com pouco ou nenhum campo magnético no seu interior se encontra no estado de Meissner. O estado de Meissner quebra-se quando o campo magnético aplicado é demasiado grande. Os supercondutores podem ser divididos em duas classes, de acordo com a forma como esta quebra ocorre. Nos supercondutores de tipo 1, a supercondutividade é abruptamente destruída quando a intensidade do campo aplicado sobe acima de um valor crítico Hc. Dependendo da geometria da amostra, pode obter-se um estado intermédio que consiste num padrão barroco de regiões de material normal com um campo magnético misturado com regiões de material supercondutor sem campo. Nos supercondutores de tipo II, o aumento do campo aplicado para além de um valor crítico Het conduz a um estado misto (também conhecido como estado de vórtice) em que uma quantidade crescente de fluxo magnético penetra no material, mas não há resistência ao fluxo de corrente eléctrica desde que a corrente não seja demasiado elevada. A uma segunda intensidade de campo crítica Hc_2 , a supercondutividade é destruída. O estado misto é, na verdade, causado por vórtices no superfluido eletrónico, por vezes chamados fluxões, porque o fluxo transportado por estes vórtices é quantizado. A maioria dos supercondutores elementares puros, exceto o nióbio e os nanotubos de carbono, são do tipo 1, enquanto quase todos os supercondutores impuros e compostos são do tipo II.

Momento de Londres

Por outro lado, um supercondutor em rotação gera um campo magnético, precisamente alinhado com o eixo de rotação. O efeito, o momento de Londres, foi bem utilizado na Sonda Gravitacional B. Esta experiência mediu os campos magnéticos de quatro giroscópios supercondutores para determinar os seus eixos de rotação. Isto foi fundamental para a experiência, uma vez que é uma das poucas formas de determinar com exatidão o eixo de rotação de uma esfera sem caraterísticas

Supercondutividade a alta temperatura

Uma pequena amostra do supercondutor de alta temperatura.

Os supercondutores de alta temperatura (abreviadamente designados por **high-Tc**, ou **HTS**) são materiais que se comportam como supercondutores a temperaturas invulgarmente elevadas. O primeiro supercondutor de alta temperatura foi descoberto em 1986 pelos investigadores da IBM Georg Bednorz e K. Alex Müller, a quem foi atribuído o Prémio Nobel da Física de 1987 "pelo seu importante avanço na descoberta da supercondutividade em materiais cerâmicos". Para uma explicação sobre Tc. (a temperatura crítica para a supercondutividade), ver Supercondutividade Transição de fase supercondutora e o segundo ponto da teoria BCS Sucessos da teoria BCS.

Enquanto os supercondutores "normais" ou metálicos têm normalmente temperaturas de transição (temperaturas abaixo das quais são supercondutores) inferiores a 30 K (-243,2 °C), os HTS foram observados com temperaturas de transição tão elevadas como 138 K (-135 °C). Até 2008, acreditava-se que apenas alguns compostos de cobre e oxigénio (os chamados "cuprites") tinham propriedades HTS, e o termo supercondutor de alta temperatura era utilizado indistintamente com supercondutor de cuprites para compostos como o óxido de cobre de bismuto e estrôncio e cálcio e o óxido de cobre de ítrio e bário.

Estruturas cristalinas de supercondutores cerâmicos de alta temperatura

A estrutura dos supercondutores de óxido de cobre ou cuprite de alto teor de Te está muitas vezes intimamente relacionada com a estrutura da perovskite, e a estrutura destes compostos foi descrita como uma estrutura de perovskite multicamadas distorcida e deficiente em oxigénio. Uma das propriedades da estrutura cristalina dos supercondutores de óxido é a alternância de várias camadas de planos de Cu O_2 com a supercondutividade a ter lugar entre estas camadas. Quanto mais camadas de CuO_2, maior o To. Esta estrutura causa uma grande anisotropia nas propriedades condutoras e supercondutoras normais, uma vez que as correntes eléctricas são transportadas por buracos induzidos nos locais de oxigénio do
Folhas de Cu O_2.

A condução eléctrica é altamente anisotrópica, com uma condutividade muito mais elevada paralelamente ao plano CuOz do que na direção perpendicular. Em geral, as temperaturas críticas dependem das composições químicas, das substituições de catiões e do teor de oxigénio. Podem ser classificadas como super-redes, ou seja, realizações particulares de super-redes no limite atómico, constituídas por camadas atómicas supercondutoras, fios, pontos separados por camadas espaçadoras, que conferem supercondutividade multibanda e multigap.

UTILIZAÇÕES DO SUPERCONDUTOR

A elevação magnética é uma aplicação em que os supercondutores têm um desempenho extremamente bom. Os veículos de transporte, como os comboios, podem ser levados a "flutuar" sobre fortes ímanes supercondutores, eliminando virtualmente a fricção entre o comboio e os seus carris. Os electroímanes convencionais não só desperdiçariam grande parte da energia eléctrica sob a forma de calor, como também teriam de ser fisicamente muito maiores do que os ímanes supercondutores. Um marco importante para a utilização comercial da tecnologia MAGLEV ocorreu em 1990, quando esta ganhou o estatuto de projeto financiado a nível nacional no Japão. O Ministro dos Transportes autorizou a construção da linha de teste do Maglev de Yamanashi, que foi inaugurada em 3 de abril de 1997. Em dezembro de 2003, o veículo de teste MLX01 (mostrado acima) atingiu a incrível velocidade de 361 mph (581 kph).

Embora a tecnologia esteja agora comprovada, a utilização mais alargada dos veículos MAGLEV tem sido limitada por preocupações políticas e ambientais (os fortes campos magnéticos podem criar riscos biológicos). O primeiro comboio MAGLEV do mundo a ser adotado para serviço comercial, um vaivém em Birmingham, Inglaterra, foi encerrado em 1997, após ter funcionado durante 11 anos. Um maglev sino-alemão está atualmente a funcionar num percurso de 30 km no Aeroporto Internacional de Pudong, em Xangai, na China. Os EUA planeiam colocar em funcionamento o seu primeiro comboio Maglev (não supercondutor) num campus universitário da Virgínia. Clique neste link para aceder a um sítio Web que enumera outras utilizações do MAGLEV.

Uma área em que os supercondutores podem desempenhar uma função que pode salvar vidas é o campo do biomagnetismo. Os médicos precisam de um meio não invasivo para determinar o que se está a passar no interior do corpo humano. Ao aplicar um forte campo magnético derivado de um supercondutor no corpo, os átomos de hidrogénio que existem nas moléculas de água e de gordura do corpo são forçados a aceitar a energia do campo magnético. Em seguida, libertam essa energia numa frequência que pode ser detectada e visualizada graficamente por um computador. A Ressonância Magnética (RM) foi efetivamente descoberta em meados da década de 1940. Mas o primeiro exame de ressonância magnética a um ser humano só foi realizado a 3 de julho de 1977. E foram necessárias quase cinco horas para produzir uma imagem! Atualmente, os computadores mais rápidos processam os dados em muito menos tempo. Está disponível um tutorial sobre a RMN nesta hiperligação. Ou leia as últimas notícias sobre RMN nesta hiperligação.

O Grupo Coreano de Supercondutividade da KRISS levou a tecnologia biomagnética mais longe com o desenvolvimento de um SQUID (Dispositivo de

Interferência Quântica Supercondutor) de oscilação de relaxamento duplo para utilização em magnetoencefalografia. Os SQUID são capazes de detetar uma alteração num campo magnético mais de um bilião de vezes mais fraca do que a força que move a agulha de uma bússola (bússola: 5e-5T, SQUID: e-14T.). Com esta tecnologia, o corpo pode ser sondado a determinadas profundidades sem a necessidade dos fortes campos magnéticos associados à ressonância magnética

Provavelmente, o acontecimento que, mais do que qualquer outro, foi responsável por colocar a palavra "supercondutores" no léxico americano foi o projeto do Super-Colisor Supercondutor planeado para ser construído em Ellis County, Texas. Embora o Congresso tenha cancelado o projeto de vários milhares de milhões de dólares em 1993, o conceito de um colisor de alta energia tão grande nunca teria sido viável sem os supercondutores. A investigação de partículas de alta energia depende da capacidade de acelerar as partículas subatómicas até quase à velocidade da luz. Os ímanes supercondutores tornam isso possível. O CERN, um consórcio de várias nações europeias, está a fazer algo semelhante com o seu Grande Colisor de Hádrons (LHC), recentemente inaugurado na fronteira franco-suíça.

Outros sítios Web relacionados que vale a pena visitar incluem a página do colisor protão-antiprotão do Fermilab. Esta foi a primeira instalação a utilizar ímanes supercondutores. Obtenha informações sobre o colisor eletrão-protão HERA nas páginas do laboratório alemão DESY (com texto em inglês). E o Brookhaven National Laboratory tem uma página dedicada ao seu colisor de iões pesados RHIC.

VANTAGENS

➢A maioria dos materiais utilizados são isolantes, como o plástico, ou condutores, como uma panela de alumínio ou um cabo de cobre. Os isolantes apresentam alguma resistência. Outra classe de materiais não apresenta qualquer resistência quando arrefecida a uma temperatura muito baixa, mais fria do que o congelador mais frio. Chamados supercondutores, foram descobertos em 1911. Atualmente, estão a revolucionar a tecnologia da rede eléctrica, dos telemóveis e do diagnóstico médico. Os cientistas estão a trabalhar para que funcionem à temperatura ambiente.

- A rede de energia eléctrica é uma das maiores realizações da engenharia do século XX. No entanto, a procura está prestes a ultrapassá-la. Por exemplo, o apagão norte-americano de 2003, que durou cerca de quatro dias, afectou mais de 50 milhões de pessoas e causou prejuízos económicos de cerca de 6 mil milhões de euros. A tecnologia dos supercondutores fornece fios e cabos sem perdas e melhora a fiabilidade e a eficiência da rede eléctrica. Estão em curso planos para substituir, até 2030, a atual rede eléctrica. Um sistema de energia supercondutor ocupa menos espaço e é enterrado no solo, muito diferente das actuais linhas de rede.
- A tecnologia de telecomunicações de banda larga, que funciona melhor em frequências de gigahertz, é muito útil para melhorar a eficiência e a fiabilidade dos telemóveis. Estas frequências são muito difíceis de obter com circuitos baseados em semicondutores. No entanto, foram facilmente alcançadas pelo recetor baseado em supercondutores da Hypres, utilizando uma tecnologia denominada recetor de circuito integrado de fluxo único rápido quântico ou RSFQ. Funciona com a ajuda de um criogerador 4K. Esta tecnologia está a aparecer em muitas torres de transmissão de receptores de telemóveis.
- Uma das primeiras aplicações em grande escala da supercondutividade é o diagnóstico médico. A ressonância magnética ou MRI utiliza poderosos ímanes supercondutores para produzir campos magnéticos grandes e uniformes no interior do corpo do paciente. Os scanners de ressonância magnética, que contêm um sistema de refrigeração de hélio líquido, captam a forma como estes campos magnéticos são reflectidos pelos órgãos do corpo. A máquina acaba por produzir uma imagem. A máquina de RMN é superior à tecnologia de raios X na produção de um diagnóstico
- os fios supercondutores relativamente estreitos podem ser utilizados para transportar correntes enormes
- benefícios ambientais decorrentes de uma menor poluição e de uma produção de energia mais eficiente.
- menos combustível necessário para produzir eletricidade, o que conduzirá a uma redução dos custos

DESVANTAGENS

➢Os materiais supercondutores só são supercondutores quando mantidos abaixo de uma determinada temperatura, designada por temperatura de transição. Para os supercondutores práticos atualmente conhecidos, a temperatura é muito inferior a 77K, a temperatura do azoto líquido. Para os manter abaixo dessa temperatura, é necessária uma tecnologia criogénica muito dispendiosa. Assim, os supercondutores ainda não aparecem na maior parte dos aparelhos electrónicos do dia a dia.

➢Existe uma corrente máxima que os materiais supercondutores podem transportar.

➢O custo é proibitivo para a substituição imediata das tecnologias existentes.

➢Os países em desenvolvimento não terão capacidade para adquirir a tecnologia.

➢ Acima da densidade de corrente crítica, a supercondutividade quebra, limitando a corrente.

CANDIDATURA

Ímanes de alto campo

Quando um supercondutor de tipo 2 é arrefecido num campo magnético ou quando um campo magnético é aplicado a um cilindro supercondutor de tipo 2 e depois é novamente diminuído, se o campo for suficientemente grande para penetrar no cilindro, então em cada caso são induzidas correntes persistentes nas paredes do cilindro e um campo magnético fica preso no anel.

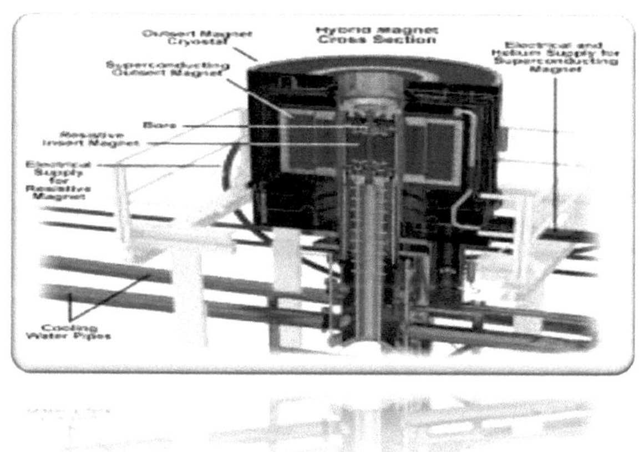

No orifício de um pequeno cilindro de supercondutores com mais de 50K0e foram aprisionados. O campo no interior do cilindro permanecerá efetivamente constante enquanto for supercondutor e pode, portanto, ser utilizado como qualquer íman permanente de campo elevado. O campo no furo do cilindro, no momento em que este se torna supercondutor, permanecerá constante até ser arrefecido e atingir um valor de campo nulo. Assim, se um cilindro supercondutor de alto campo adequado for de campo zero, pode manter uma região livre de campo no furo até que o campo externo atinja pelo menos 50k0e.

Concentração de fluxo

O campo que é retido num cilindro supercondutor quando o campo externo é aumentado à sua volta e depois reduzido novamente depende do valor máximo a que o campo externo pode ser levado. Um determinado cilindro pode ser capaz de reter um campo muito mais elevado do que este. Pode ser produzido um campo maior num cilindro que já contém fluxo aprisionado, inserindo um êmbolo supercondutor para preencher uma parte do furo. O fluxo é então comprimido no volume do orifício que ficou por preencher e o campo aumenta. No entanto, à medida que o campo interno aumenta, perde-se cada vez mais fluxo para as paredes do cilindro, de modo que a relação entre o campo final e o campo inicial é reduzida, o que estabelece um limite prático para a quantidade de compressão que pode ser obtida por este método. O campo de um íman com núcleo de ferro pode também ser concentrado através da instalação de blindagens supercondutoras sobre os pólos.

Rolamentos magnéticos

A possibilidade de aprisionamento e exclusão de fluxo sugere que um cilindro e um disco supercondutores podem ser utilizados como rolamento magnético. A chumaceira está limitada no seu movimento lateral mas pode girar sobre uma almofada de fluxo. Se o material da parte móvel da chumaceira for escolhido de modo a que nenhum fluxo penetre nela, a única fricção na chumaceira provirá da viscosidade do meio circundante e esta pode ser muito reduzida.

Armazenamento de energia

Outra utilização possível da bobina supercondutora é o armazenamento de energia. Um campo aprisionado de H armazena uma energia de erg/cm3, de modo que um campo aprisionado de 100 kOe corresponde a uma energia armazenada de 10^8 erg/cm3. Uma bateria de condensadores convencional armazena cerca de 10^6 erg/cm3. No entanto, é difícil recuperar rapidamente a energia eléctrica a partir da energia supercondutora armazenada, uma vez que a indutância da bobina pode ser elevada, o que conduzirá a uma constante de tempo longa no circuito de retirada. Uma análise do problema e uma revisão dos factores que podem afetar a constante de tempo foram apresentadas por Ameen e Weiderhold.

Transformador DC

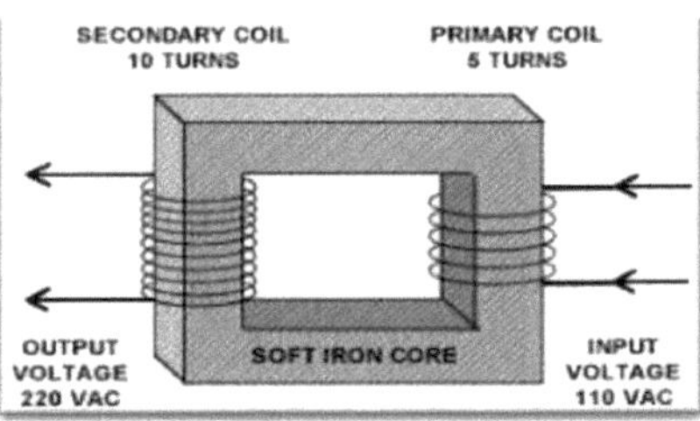

Na presença de uma corrente de transporte, as linhas de um fluxo magnético deslocam-se como se estivessem sob a ação de uma força de Lorentz. Se for estabelecido um campo magnético em torno do dispositivo e a tensão de entrada for aplicada à banda mais larga, as linhas de fluxo no circuito primário deslocar-se-ão, cortando o secundário e induzindo assim uma tensão na saída.

A eficiência do transformador é de apenas cerca de 10%. Mas a saída de tensão pode ser aumentada aumentando o número de películas finas para unidades às quais a tensão primária é aplicada.

Transmissão de energia

O elevado custo da retificação sugere que a energia pode ser transmitida por corrente alternada num cabo supercondutor. O resultado obtido mostra que esses cabos têm uma perda de potência apreciável. No entanto, pode não haver qualquer vantagem na transmissão de corrente alternada

Mais uma vez, o custo do isolamento e do arrefecimento determinou o custo da utilização do cabo. Embora atualmente a utilização de cabos supercondutores para a transmissão de energia CA não seja económica. Em breve, poderá chegar o momento em que eles oferecerão uma vantagem substancial em termos de tamanho e de custo em relação aos cabos convencionais.

Elemento de comutação eléctrica

Devido ao rácio infinito entre a resistência de um metal no estado normal e supercondutor. Um supercondutor pode ser utilizado para comutar a corrente eléctrica entre diferentes passagens possíveis. A temperatura ou o campo magnético podem ser utilizados para controlar a mudança de estado deste tipo de comutador. Um interrutor controlado pela temperatura utiliza uma película de chumbo como elemento de comutação. A película que transporta a corrente é operada abaixo da temperatura de transição, de modo a ser supercondutora. A corrente pode ser interrompida por meio de uma bobina de aquecimento feita de metal não supercondutor, uma vez que a película de chumbo se torna resistiva e a corrente que flui através dela é desviada por um caminho paralelo de baixa resistência.

Supercondutor Fusível e disjuntor

Uma fina película supercondutora isolada atinge o seu estado normal após a passagem de uma corrente de densidade superior à crítica. Estas películas podem ser utilizadas em vez de um fusível. Selecionando o material necessário para uma película, é possível regular com muita precisão a intensidade admissível da corrente de uma película longa e, no momento da sua transição para o estado normal, a sua resistência é bastante elevada. Nesse caso, pode ser utilizado como disjuntor.

Transformador supercondutor e linhas de transmissão

Se forem utilizados supercondutores para o enrolamento de um transformador. As perdas de energia serão muito pequenas. Utilizando supercondutores. Podem ser fabricados transformadores de 2000 a 3000MW e serão do tipo portátil. São concebidas linhas de transmissão eléctrica com a utilização de cabos com supercondutores. Teoricamente, uma tal linha, se necessário, é arrefecida e pode transmitir alta potência a qualquer distância desejável sem perdas.

Espelho magnético e rolamento supercondutor

A resistividade zero não é uma propriedade caraterística do supercondutor. Trata-se de indução magnética nula. É responsável pelos efeitos de levitação que são aplicados em rolamentos sem fricção. Isto foi aplicado num giroscópio supercondutor.

Motor elétrico e geradores

O fabrico de máquinas eléctricas. Geradores e motores com enrolamentos supercondutores. É possível obter eficiência e dimensões reduzidas, menos peso, utilizando supercondutores. A possibilidade de obter um campo magnético extremamente forte e de utilizar bobinas sem perdas para cortar esses campos é de grande interesse para o engenheiro de energia. O facto de, mesmo nos supercondutores, existirem perdas com corrente alternada de baixa frequência é uma desvantagem que pode ser ultrapassada com a utilização de novos materiais. O trabalho mais encorajador que tem sido feito é o da produção de máquinas rotativas. Na vertente industrial, , mais do que à escala laboratorial, tem-se ocupado de máquinas de corrente contínua. Em particular, um motor homopolar supercondutor tem sido amplamente utilizado para o funcionamento de instalações.

LULAS:

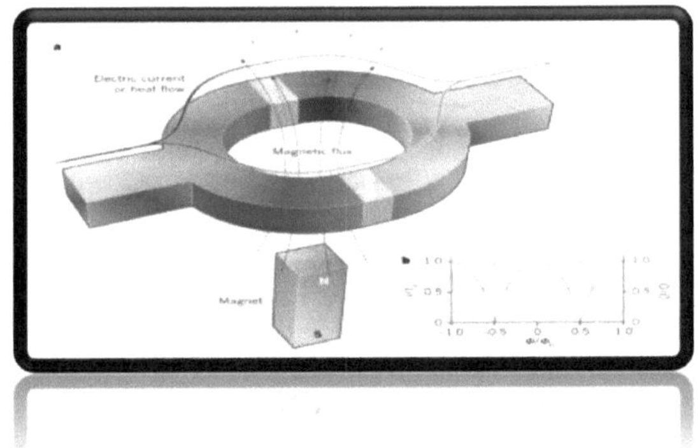

A blindagem magnética supercondutora, que utiliza a capacidade do supercondutor de excluir campos magnéticos, pode ser explorada numa série de aplicações. Os instrumentos SQUID utilizados para estudar minúsculos sinais magnéticos no cérebro e noutros locais seriam inúteis sem escudos magnéticos supercondutores. Os sinais ruidosos que emanam do ambiente magnético mutável do mundo exterior abafariam os sinais minúsculos que os SQUIDs podem detetar. Outra aplicação dos escudos supercondutores advém da necessidade de segurança na instalação de computadores. Os computadores em funcionamento geram sinais que podem ser detectados por equipamento suficientemente sensível. Os computadores que lidam com informações confidenciais podem ser protegidos contra essa espionagem por escudos supercondutores. Também utilizados para detetar submarinos.

Magnetismo e medicamentos

No combate às doenças, os médicos sempre enfrentaram o desafio de diagnosticar o que está errado antes de iniciar o tratamento efetivo. Os magnetómetros supercondutores estão a criar novos procedimentos de diagnóstico que são mais rápidos, mais precisos e menos dolorosos. Uma das primeiras aplicações médicas dos magnetómetros supercondutores baseia-se numa aplicação simples do que sabemos sobre magnetização passiva. A doença-alvo é a hemocromatose, uma doença genética que afecta cerca de um milhão de americanos, num grau ou noutro. Apesar da sua prevalência, a doença escapa frequentemente à deteção. É difícil de diagnosticar, muitas vezes ignorada e potencialmente perigosa para a vida.

➢1) Os supercondutores de hélio líquido a baixa temperatura têm sido utilizados para fabricar ímanes de alto campo e alguns dispositivos electrónicos e de radiofrequência.

➢A Sabemos que uma corrente eléctrica num fio cria um campo magnético à volta do fio. A força do campo magnético aumenta à medida que a corrente no fio aumenta. Uma vez que os supercondutores podem transportar grandes correntes sem perda de energia, são adequados para fabricar ímanes fortes

➢AMS-02: Com um diâmetro de quase 3 m e uma massa fria próxima das 2 toneladas, o AMS-02 será o primeiro íman supercondutor de grandes dimensões a ser lançado para o espaço. As 14 bobinas geram campos até 7 T e são indiretamente arrefecidas a 1,8 K por 2500 litros de hélio superfluido. Íman supercondutor de diâmetro horizontal de 7 T Para mais informações, visite: http://en.wikipedia.org/wiki/Superconducting_magnet

➢ Electronic & In electronics Radio Frequency Devices industry, ultra-high-performance filters are now being built. Uma vez que o fio supercondutor tem uma resistência quase nula, mesmo a altas frequências, podem ser utilizadas muitas mais fases de filtragem para obter uma resposta de frequência desejada. Isto traduz-se na capacidade de passar as frequências desejadas e bloquear as frequências indesejáveis em aplicações de radiofrequência de alto congestionamento, como os sistemas de telefonia celular

> 2) Os ímanes supercondutores foram utilizados em espectrómetros de RMN e a imagiologia por RMN é utilizada em diagnósticos médicos.

➤ Espectrómetros de Ressonância Magnética Nuclear (RMN) A tecnologia dos espectrómetros de RMN utiliza fios supercondutores arrefecidos com criogéneos (hélio líquido e azoto líquido) para gerar um campo magnético. Os espectrómetros de RMN fornecem os campos magnéticos mais homogéneos e a maior resolução espetral. A espetroscopia de RMN pode ser utilizada para análise química, monitorização de reacções e experiências de garantia de qualidade/controlo de qualidade. Os instrumentos de campo mais elevado permitem uma resolução sem paralelo para a determinação da estrutura, em especial no caso de moléculas complexas.

➤ Ao aplicar no corpo um campo magnético derivado de um supercondutor forte de Ressonância Magnética Nuclear (RMN) , os átomos de hidrogénio que existem nas moléculas de água e de gordura do corpo são forçados a aceitar a energia do campo magnético. Em seguida, libertam essa energia numa frequência que pode ser detectada e apresentada graficamente por um computador.

➤ Um aparelho de imagiologia por ressonância magnética nuclear (NMRI). (Simplesmente designado por MRI Scanner) o

➤3) Os supercondutores são utilizados para uma proteção magnética eficaz.

➤ Quando se coloca um supercondutor perto de um íman com escudo magnético, o campo magnético é repelido pelo supercondutor porque este não permite que o campo penetre na sua superfície (Efeito Meissner). Condutor normal Supercondutor

➤4) Os supercondutores são utilizados para armazenar energia magnética.

➤ Sistemas SMES O armazenamento de energia magnética supercondutora (SMES) armazena energia no campo magnético criado pelo fluxo de corrente contínua numa bobina supercondutora. A energia armazenada não decai e a energia magnética pode ser armazenada indefinidamente. O SMES perde energia e pode ser libertado de volta para a rede descarregando a bobina. a menor quantidade de eletricidade no processo de armazenamento de energia em comparação com outros métodos de armazenamento de energia. ou seja, os sistemas SMES são altamente eficientes; a eficiência de ida e volta é superior a 95%. o camião

➢ O maior sistema de armazenamento de energia magnética supercondutora do mundo: Este sistema contraria as quedas súbitas de tensão (quedas de linha) resultantes de descargas atmosféricas e outros fenómenos naturais. O sistema de armazenamento de energia magnética supercondutora de 10.000 kW instalado na central de Kameyama (uma cidade no Japão) pode gerar alta tensão num instante e contrariar os efeitos das quedas de tensão.

➢ 5) Os supercondutores têm sido utilizados para produzir vários dispositivos baseados em efeitos quânticos supercondutores, como os dispositivos SQUIDS e Josephson

➢ Um dispositivo de interferência quântica supercondutor (SQUID) é um magnetómetro muito sensível utilizado para medir campos magnéticos extremamente baixos. Os SQUID são suficientemente sensíveis para medir campos tão baixos como 5×10-18 T (ou seja, podem detetar uma alteração de energia até 100 mil milhões de vezes mais fraca do que a energia electromagnética que move a agulha de uma bússola, tal como alterações subtis no campo de energia electromagnética do corpo humano)

➢ O funcionamento interno de um SQUID antigo

➢ Em 1962, Brian D. Josephson previu que a corrente eléctrica dos Dispositivos Josephson fluiria entre dois materiais supercondutores, mesmo quando separados por um não-supercondutor ou isolante. A sua previsão foi mais tarde confirmada e valeu-lhe uma parte do Prémio Nobel da Física de 1973. Este fenómeno de tunelamento baseado no trabalho dos SQUIDs é hoje conhecido como o "efeito Josephson". Os dispositivos que funcionam com base no princípio do efeito Josephson são designados por dispositivos Josephson.

➢ 6) Para comboios magnéticos de alta velocidade e sistemas de propulsão de navios são utilizados supercondutores.

➢ O sistema de comboios Maglev (derivado de Magnetic Levitation - Levitação Magnética) funciona utilizando bobinas magnetizadas ao longo de uma via que atraem e repelem grandes ímanes supercondutores no chassis do comboio, permitindo-lhe levitar a quase 5 cm do chão. A energia fornecida às bobinas na via de condução cria então forças de polarização que puxam e empurram o comboio. Como a única resistência é o ar,

➢ O comboio maglev está equipado com vários supercondutores, enquanto uma série de bobinas electromagnéticas correm ao longo da via. Quando o comboio se aproxima destas bobinas, os supercondutores induzem nelas uma corrente que funciona tanto para levitar o comboio vários centímetros acima da via como para o centrar entre os carris. Um centímetro acima da via e para o centrar entre os carris. O campo magnético pode, assim, produzir correntes induzidas que, em reação, produzirão um segundo campo magnético que interage com o primeiro. É esta força que eleva o Maglev.

➢ Propulsão Maglev ao longo de uma via que atrai e repele grandes ímanes supercondutores

➢ Vantagens da utilização de supercondutores nos comboios Maglev Os electroímanes convencionais desperdiçam grande parte da energia eléctrica sob a forma de calor; teriam então de ser fisicamente muito maiores do que os ímanes supercondutores. A beleza dos maglevs é o facto de viajarem no ar. A consequente eliminação do atrito significa uma eficiência muito maior: alta velocidade (>500kmph) e menos desgaste (ou seja, menos manutenção). Tal como os electrões se movem mais eficientemente através de um fio supercondutor porque não há resistência, também um maglev viaja mais eficientemente do que um comboio normal porque não há fricção entre as rodas e a via, graças ao Efeito Meissner.

➢ JR-Maglev, ou SCMaglev (Super-Conducting Maglev) - Caminhos-de-ferro do Japão

➢ Um comboio maglev está a sair do Aeroporto Internacional de Pudong, na China

➢ 7) Os supercondutores são utilizados em computadores e no processamento de informação.

➢ A supercondutividade pode Computação e Processamento de Informação ser utilizada para construir um computador quântico, permitindo um processamento massivamente paralelo Os computadores quânticos são diferentes dos computadores digitais baseados em transístores (para atingirem velocidades da ordem dos 100 GHz). Enquanto os computadores digitais exigem que os dados sejam codificados em dígitos binários (bits de computação quântica), os computadores quânticos utilizam as propriedades quânticas para representar dados e efetuar operações sobre esses dados. Os processadores utilizam a arquitetura dos qubits supercondutores (Quantum Bits).

Os supercondutores são utilizados em muitos domínios, como a eletricidade, a medicina e a astrofísica. São utilizados em laboratórios, especialmente em aceleradores de partículas, produzindo campos magnéticos muito fortes. No entanto, têm de ser arrefecidas a temperaturas muito baixas, o que limita a sua utilização no nosso quotidiano. Mas as novas aplicações já estão a funcionar em laboratórios, cidades e nas nossas casas.

A supercondutividade ocorre quando os portadores de carga formam pares de Cooper e entram num único estado quântico a uma temperatura inferior a um limiar. Nos supercondutores convencionais, os fónons são responsáveis pelo emparelhamento, enquanto nos HTSC o mecanismo é controverso. Foram propostas várias teorias, mas nenhuma teoria abrangente explica todas as observações experimentais. Os materiais HTS têm propriedades únicas, tais como a capacidade de transportar grandes quantidades de corrente eléctrica com resistência zero, funcionar a temperaturas mais elevadas e possuir propriedades mecânicas e térmicas únicas que oferecem potencial para várias aplicações. A investigação e o desenvolvimento contínuos neste domínio conduzirão provavelmente a novas descobertas e a novas aplicações destes materiais. As técnicas de produção, o desempenho e o baixo preço são cruciais para a realização de sistemas criogénicos práticos e baratos. Os nanomateriais e a física dos supercondutores são ambos ramos da física da matéria condensada e um avanço em qualquer uma das disciplinas terá uma reação em cadeia que conduzirá a um rápido desenvolvimento.

Energia nuclear

O enorme potencial do átomo tinha sido imaginado na Índia nos tempos antigos e podem ser encontradas referências ao mesmo em algumas das escrituras antigas, tais referências fornecem-nos um vislumbre tentador da antiga história indiana e, de facto, do nível de pensamento avançado que estas civilizações tinham alcançado nesses tempos, nos tempos modernos, foi o Dr. Homi Bhabha, que previu, em 1944, o potencial do aproveitamento da energia nuclear para melhorar a qualidade de vida de milhões de pessoas, afirmou: "qualquer aumento substancial do nível de vida nesta região que possa ser sustentado a longo prazo só será possível com base em importações muito grandes de combustível ou com base na energia atómica".

As questões da sustentabilidade energética e da inevitabilidade da energia nuclear, que só agora estão a ser objeto de atenção global, foram previstas por ele há mais de meio século. Quando o resto do mundo estava a trabalhar nas aplicações militares da energia atómica, ele concentrou-se nas aplicações militares da energia atómica. Quando o resto do mundo estava a trabalhar nas aplicações militares da energia atómica, ele concentrou-se no aproveitamento da energia atómica para melhorar a qualidade de vida, na década de 1950, a energia nuclear no mundo estava ainda a dar os primeiros passos e a Índia tinha acabado de conquistar a independência. A nação nascente era essencialmente uma economia rural, praticamente sem tecnologia ou base industrial. Por conseguinte, a concretização de uma visão tão intensiva em tecnologia, que envolvia tecnologias complexas de reactores e de ciclos de combustível, deve ter parecido uma fantasia. No entanto, com a sua visão clara, o Dr. Bhabha foi em frente, construindo instituições de I&D de fantasia. Reactores de investigação, unidades industriais para desenvolver tecnologias e apresentá-las.

Em breve, foi concebido e adotado, com uma visão a longo prazo, um programa sequencial de energia nuclear em três fases, destinado a otimizar a utilização do perfil dos recursos nucleares da Índia, que são modestos em urânio e abundantes em tório, com o objetivo de melhorar a qualidade de vida da população e de satisfazer as necessidades energéticas da nação. As três fases compreendem reactores de água pesada pressurizada (PHWR) na terceira fase. Com base num ciclo fechado de combustível, o combustível usado numa fase é reprocessado para produzir combustível para a fase seguinte. Este processo multiplica o potencial energético do combustível e reduz consideravelmente a quantidade de resíduos

ENERGIA NUCLEAR

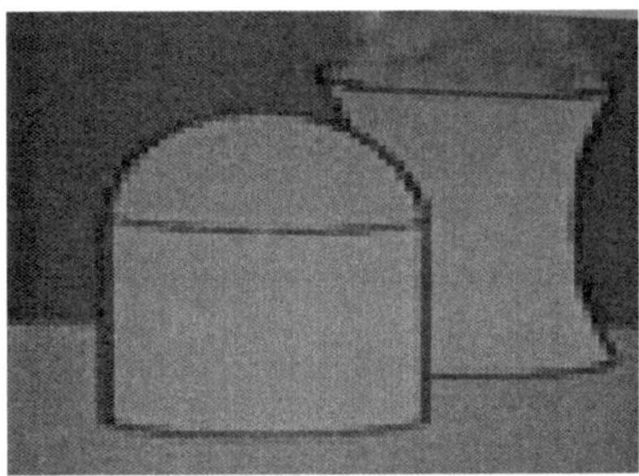

O Sol e as estrelas são fontes de energia aparentemente inesgotáveis. Essa energia é o resultado de reacções nucleares, nas quais a matéria é convertida em energia. Conseguimos aproveitar esse mecanismo e utilizá-lo regularmente para gerar energia. Atualmente, a energia nuclear é responsável por cerca de 16% da eletricidade mundial. Ao contrário das estrelas, os reactores nucleares de que dispomos atualmente funcionam segundo o princípio da fissão nuclear. Os cientistas estão a trabalhar como loucos para fabricar reactores de fusão que têm o potencial de fornecer mais energia com menos desvantagens do que os reactores de fissão.

PRODUÇÃO

Podem ocorrer alterações na estrutura dos núcleos dos átomos. Estas alterações são designadas por reacções nucleares. A energia criada numa reação nuclear é designada por energia nuclear ou energia atómica. A energia nuclear é produzida naturalmente e em operações realizadas pelo homem sob controlo humano.

- Naturalmente: Alguma energia nuclear é produzida naturalmente. Por exemplo, o Sol e outras estrelas produzem calor e luz através de reacções nucleares.
- Produzida pelo homem: a energia nuclear também pode ser produzida pelo homem. As reacções nucleares provocadas pelo homem também ocorrem na explosão de bombas atómicas e de hidrogénio. A energia nuclear é produzida de duas formas diferentes: numa, grandes núcleos são divididos para libertar energia. No outro método, pequenos núcleos libertam energia.
- Fissão nuclear: Na fissão nuclear, os núcleos dos átomos dividem-se, provocando a libertação de energia. A bomba atómica e os reactores nucleares funcionam por cisão. O elemento urânio é o principal combustível utilizado na fissão nuclear para produzir energia, uma vez que possui muitas propriedades

favoráveis. Os núcleos de urânio podem ser facilmente divididos através do disparo de neutrões sobre eles. Além disso, quando um núcleo de urânio se divide, são libertados múltiplos neutrões que são utilizados para dividir outros núcleos de urânio, sendo este fenómeno conhecido como reação em cadeia.

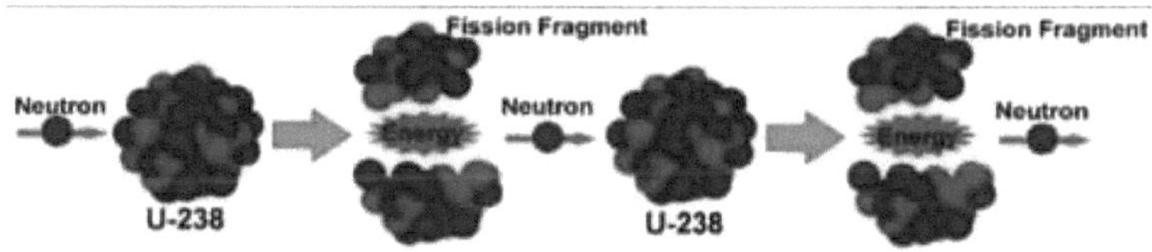

- Fusão nuclear: Na fusão nuclear, os núcleos dos átomos são unidos, ou fundidos. Isto acontece apenas em condições muito quentes. O Sol, tal como todas as outras estrelas, cria calor e luz através da fusão nuclear. No Sol, os núcleos de hidrogénio fundem-se para produzir hélio. A bomba de hidrogénio, a arma mais poderosa e destrutiva da humanidade, também funciona por fusão. O calor necessário para iniciar a reação de fusão é tão grande que é utilizada uma bomba atómica para o fazer. Os núcleos de hidrogénio fundem-se para formar hélio e, nesse processo, libertam enormes quantidades de energia, produzindo assim grandes explosões:

VANTAGENS DA ENERGIA NUCLEAR:

- A Terra tem reservas limitadas de carvão e de petróleo. As centrais nucleares podem continuar a produzir eletricidade depois de o carvão e o petróleo escassearem.
- As centrais nucleares necessitam de menos combustível do que as centrais que queimam combustíveis fósseis. Uma tonelada de urânio produz mais energia do que vários milhões de toneladas de carvão ou vários milhões de barris de petróleo.
- As centrais a carvão e a petróleo poluem o ar. As centrais nucleares que funcionam bem não libertam contaminantes para o ambiente.

DESVANTAGENS DA ENERGIA NUCLEAR:

- As explosões nacionais do mundo têm atualmente mais do que bombas nucleares suficientes para matar todas as pessoas na Terra. As duas nações mais poderosas - a Rússia e os Estados Unidos - têm cerca de 50.000 armas nucleares entre si. E se houvesse uma guerra nuclear? E se os terroristas deitassem as mãos a armas nucleares? Ou se as armas nucleares fossem lançadas por acidente?

- As explosões nucleares produzem radiações. As radiações nucleares danificam as células do corpo, o que pode deixar as pessoas doentes ou mesmo matá-las. As doenças podem afetar as pessoas anos após a sua exposição à radiação nuclear.
- Um tipo possível de desastre num reator é conhecido como fusão. Neste tipo de acidente, a reação de fissão fica fora de controlo, conduzindo a uma explosão nuclear e à emissão de grandes quantidades de radiação.
- Em 1979, o sistema de arrefecimento falhou no reator nuclear de Three Mile Island, perto de Harrisburg, na Pensilvânia. Houve uma fuga de radiação que obrigou dezenas de milhares de pessoas a fugir. O problema foi resolvido minutos antes de ocorrer uma fusão total. Felizmente, não houve mortes.
- Em 1986, a central nuclear russa de Chernobyl foi atingida por uma catástrofe muito mais grave. Neste incidente, uma grande quantidade de radiação escapou do reator. Centenas de milhares de pessoas foram expostas à radiação. Várias dezenas morreram em poucos dias. No próximo ano, milhares de outras pessoas poderão morrer de cancros induzidos pela radiação.
- Os reactores nucleares também têm problemas de eliminação de resíduos. Os reactores produzem resíduos nucleares que emitem radiações perigosas. Como podem matar as pessoas que lhes tocam, não podem ser deitados fora como o lixo normal. Atualmente, muitos resíduos nucleares são armazenados em piscinas de arrefecimento especiais nos reactores nucleares.
- Os Estados Unidos tencionam transferir os seus resíduos nucleares para um depósito subterrâneo remoto até ao ano 2010.
- Em 1957, numa lixeira nos montes Urais da Rússia, a várias centenas de quilómetros de Moscovo, resíduos nucleares enterrados explodiram misteriosamente, matando dezenas de pessoas.

APLICAÇÕES GERAIS DA FÍSICA NUCLEAR

As aplicações gerais da física nuclear referem-se tanto a aplicações resultantes da física nuclear como a aplicações que utilizam a física nuclear. Um exemplo das primeiras seria a imagiologia médica. Se nunca tivesse existido qualquer tipo de coisa conhecida como física nuclear, não precisaríamos de técnicas de imagiologia para analisar a radiação no corpo. Um exemplo de uma aplicação que recorre à física nuclear é a datação radioactiva, em que as propriedades radioactivas de determinados elementos são utilizadas para determinar a idade de algo.

A imagiologia médica (como a TAC e a RMN) é utilizada para determinar a quantidade de radiação a que uma pessoa foi exposta. Existem várias técnicas diferentes e, atualmente, continuam a ser desenvolvidas e melhoradas outras.

A datação radioactiva utiliza as propriedades radioactivas de certos elementos para determinar a idade de algo como uma pessoa antiga.

A deteção de radiação envolve diferentes instruções utilizadas para detetar a radiação presente em algum lugar.

PASSADO

Criação de instituições para assegurar as ligações:

Pouco antes de a Índia se tornar independente, o Dr. Bhabha, em 1944, pediu financiamento ao Sir Dorabji Tata Charitable Trust para criar um instituto de investigação atómica na Índia. O Instituto Tata de Investigação Fundamental (TIFR) foi assim criado em 1945. Após a independência da Índia, em 1947, foi criado o enquadramento para o programa. A lei sobre a energia atómica foi promulgada e a Comissão da Energia Atómica (AEC), o organismo responsável pela definição das políticas, foi criada em 1948. Em 1954, foi criado o Departamento de Energia Atómica, sob a tutela do Primeiro-Ministro, para administrar os programas de energia atómica. Ao mesmo tempo que se elaborava o quadro para as actividades, começaram a tomar forma instituições para o desenvolvimento de tecnologias e a produção de combustível, água pesada e outros materiais.

Instalações de I&D:

Considerando a necessidade de desenvolver uma base de I&D para o programa, o estabelecimento de energia atómica foi criado na década de 1950 em Tomboy, Mumbai (mais tarde denominado Centro de Investigação Atómica Bhabha - BARC). O centro albergava laboratórios e instalações para a realização de I&D pluridisciplinar em ciências nucleares de base e para várias aplicações da energia nuclear, como a energia/potência e várias outras aplicações sociais - saúde e medicina, indústria, agricultura, etc. Foram instalados reactores de investigação, como o APSARA (1956) e o CIRUS (1960), para a produção de isótopos e para experiências de aperfeiçoamento das tecnologias. Foram igualmente criadas instalações no centro para a produção de lingotes de urânio, o fabrico de combustível e uma unidade de reprocessamento para a produção de plutónio. A I&D efectuada no centro ajudou a desenvolver materiais, tecnologias, ferramentas e equipamentos essenciais para acelerar o programa de energia nuclear. Mais tarde, em 1970, foi criado um centro de I&D dedicado a todos os aspectos dos reactores de fermentação rápida, incluindo reactores, bobinas de combustível e materiais e sistemas associados. O Centro Indira Gandhi de Investigação Atómica (IGCAR) foi criado em Kaipakkam, Tamilnaadu. Um reator de ensaio de fermentação rápida (FBTR) de 40 MWth foi colocado em funcionamento em 1985 no centro. O centro desenvolveu o projeto para o protótipo comercial do reator reprodutor rápido de 500 MW (PFBR), que se encontra atualmente numa fase avançada de construção . Centro de I&D para lasers e aceleradores O centro Raja Ramanna para tecnologias avançadas foi criado em Indore. Foram criados vários outros centros em toda a Índia para a realização de I&D sobre determinados aspectos específicos da ciência nuclear e suas aplicações.

Instalações para a produção de materiais nucleares e backend:

Foram criadas instalações para a produção de combustível, água pesada e outros materiais para o programa de energia nuclear, sob a égide do Departamento de Energia Atómica (DAE). A Indian Rare Earth Limited foi constituída para a extração e transformação de terras raras, como o zircão e o tório, para o programa. A Uranium Corporation of India limited (UCIL) foi criada para a extração e transformação de minério de urânio. A empresa possui atualmente minas em Jharkhand e Andhra Pradesh e, até há pouco tempo, toda a frota de reactores PHWR era alimentada pelo combustível extraído pela UCIL no país. Foi criado um complexo de combustível nuclear (NFC) para o fabrico de feixes/conjuntos de combustível. Dadas as exigências especiais da instrumentação para as centrais nucleares, foi criada a Electronics Corporation of India Limited (ECIL) para desenvolver e fabricar a instrumentação especial. Instalações de produção de água de aquecimento para a produção de água pesada para os PHWR em vários locais do país. Foram desenvolvidas no DAE instalações para a fase final do ciclo do combustível - instalações de reprocessamento e de gestão dos resíduos - que foram instaladas em vários locais para o reprocessamento do combustível irradiado da primeira fase.

Desenvolvimento dos recursos humanos:

Em 1957, foi criada uma escola de formação para formar pessoal em ciências e engenharia nucleares para o programa planeado. Esta escola produziu um grande número de recursos formados para satisfazer as necessidades do programa. Posteriormente, a mesma foi alargada e foram criadas várias escolas de formação para necessidades específicas, como centrais nucleares, fabrico de combustível para I&D, etc., em diferentes locais do país.

Indústria:

Aquando da independência do país, em 1947, e vários anos depois, a capacidade da indústria era limitada, o que exigiu grandes esforços por parte da DAE e da Nuclear Power Corporation of India Limited (NPCIL) para desenvolver a indústria indiana de modo a atingir padrões elevados no fabrico de equipamento para a tecnologia da energia nuclear. Para além da transferência de tecnologias, foram iniciadas medidas como o investimento no desenvolvimento de oficinas e instalações para ensaios, a fim de permitir à indústria desenvolver as suas capacidades. Ao longo dos anos, a indústria indiana desenvolveu-se e a sua capacidade de conceção, engenharia e fabrico de equipamento é comparável às normas internacionais. A indústria indiana desenvolveu também a sua capacidade de celebrar contratos de grande envergadura para a engenharia, a aquisição e a construção em várias áreas de convenções, auxiliares e de balanço das centrais nucleares.

Quadro regulamentar:

Em simultâneo com o desenvolvimento do programa, foi criado um organismo regulador independente, o Conselho Regulador da Energia Atómica (AERB), que foi posteriormente reorganizado em 1984 para fazer cumprir as normas de segurança nas centrais nucleares e noutras instalações nucleares do país. O país dispõe de um mecanismo de regulamentação sólido que, para além da cultura de segurança prevalecente, contribuiu para alcançar elevados padrões de segurança em todos os aspectos dos reactores nucleares, desde a fase de projeto, construção, entrada em funcionamento, operação e manutenção, renovação e modernização, bem como para regular outras actividades do programa de energia atómica no país. Nos últimos anos, a AERB adoptou um plano de expansão das suas capacidades e aptidões para dar resposta às necessidades actuais e futuras de um programa de energia nuclear diversificado e em expansão.

Evolução do programador de energia nuclear:

A primeira central nuclear do país, composta por duas unidades de reactores nucleares, foi instalada em Tarapur, Maharashtra, pela GE, EUA, numa base chave na mão. A construção destas unidades teve início em 1964 e ficaram operacionais em outubro de 1969. De facto, a Índia foi o primeiro país da Ásia, e um dos poucos países do mundo, a ter reactores nucleares operacionais em 1969, demonstrando a segurança e fiabilidade da energia nuclear operacional nas condições indianas e estabelecendo a sua adequação ao país. Estes reactores nucleares, no seu 41º ano de vida, são os dez reactores da sua categoria atualmente em funcionamento em todo o mundo.

Subsequentemente, os trabalhos relativos aos reactores de água pesada pressurizada (PHWR) da primeira fase começaram com a construção dos RAPS-1 e 2 em Rawatbhata, Rajasthan. O programa da primeira fase passou por fases de demonstração tecnológica, indigenização, normalização, consolidação e, finalmente, comercialização. Embora a primeira fase tenha começado com reactores de 220 MW fornecidos pela AECL, Canadá, os PHWRS subsequentes foram todos autóctones. Em 1974, quando a segunda unidade de Rajasthan estava em construção, a assistência canadiana foi retirada. Esta situação levou a um regime internacional de negação de tecnologia e ao isolamento do país em relação ao resto do mundo. Em circunstâncias tão difíceis e desafiantes, os cientistas e engenheiros indianos estiveram à altura da ocasião e, com os seus esforços incansáveis e inovadores, não só o RAPS-1 foi concluído com êxito, como também foi possível projetar, construir e colocar em funcionamento a outra unidade (RAPS-3).

Posteriormente, as unidades MAPS-1 e MAPS-2 foram projectadas, construídas e colocadas em funcionamento com esforços nacionais. O projeto das centrais térmicas de 220 MW foi normalizado, tendo sido criadas as unidades NAPS-1&2 e KAPS-1&2. Foram também criadas as centrais Kaiga-1&2 e RAPS-3&4, tendo sido introduzidas novas melhorias no projeto. O projeto normalizado PHWR de 220 MW foi aumentado para 540 MW, tendo sido criadas as centrais TAPP 3 e 4 (2*540 MW). O projeto PHWR de 700 MW, utilizando o mesmo núcleo do de 540 MW, foi desenvolvido, tendo-se iniciado a construção de quatro desses reactores. Prevê-se que estes reactores estejam concluídos em 2016-17. Está prevista a instalação de mais reactores nucleares deste tipo no futuro.

Paralelamente ao programa autóctone em três fases, foram também introduzidas medidas adicionais baseadas na cooperação técnica internacional, essencialmente para aumentar mais rapidamente a capacidade de produção de energia nuclear a curto prazo, tendo em conta os prazos de execução do programa autóctone de energia nuclear. Estão a ser construídos em Kudankulam dois reactores de água leve (LWR) de 1000 MW cada, em cooperação técnica com a Federação Russa. Foi adquirida uma experiência suficiente no que respeita à implementação de reactores LWR de grandes dimensões, com base na cooperação internacional, especialmente no que respeita à adoção de requisitos técnicos inovadores e à integração do quadro regulamentar e de compreensão. Com o êxito da cooperação internacional e a evolução da energia nuclear a nível mundial, está prevista a instalação de mais LWR, totalizando cerca de 40 GW, nas próximas duas décadas

PRESENTES

A energia nuclear hoje:

A Índia é atualmente reconhecida como um país com tecnologias nucleares avançadas. Foram desenvolvidas capacidades internas abrangentes em todos os aspectos da energia nuclear e dos ciclos de combustível associados. Dispõe de uma grande base de I&D, de recursos humanos qualificados e de instalações para o desenvolvimento contínuo dos recursos humanos, da capacidade industrial e da capacidade , bem como de um quadro regulamentar sólido. O desempenho das centrais nucleares indianas e a execução dos projectos têm sido comparáveis aos padrões de referência internacionais. As tecnologias para várias operações complexas no núcleo foram desenvolvidas e implantadas com êxito.

Situação atual das centrais nucleares:

Atualmente, estão em funcionamento 19 reactores nucleares com uma capacidade de 4560MW. O vigésimo reator, Kaiga-4 (220-MW), atualmente em fase de carregamento de combustível, deverá entrar em funcionamento em dezembro de 2010, elevando assim a capacidade instalada de energia nuclear para 4780MW. Kaiga-4 traz mais uma distinção ao país, elevando-o para a 6.ª posição mundial, depois dos EUA, França, Japão, Federação Russa e República da Coreia, com 20 ou mais reactores nucleares em funcionamento. Além disso, três reactores nucleares com uma capacidade de 2500 MW encontram-se em fase avançada de construção e quatro reactores de 700 MW cada, dois dos quais em Kakrapar, em Gujrat, e Rawatbhata, no Rajastão, respetivamente, foram também lançados para construção durante este ano. Com a conclusão dos reactores em construção, a capacidade de energia nuclear no país atingirá 7280 MW até 2012 e 10080 MW até 2017.

Visão geral do desempenho:

Funcionamento:

Nos últimos anos, os reactores nucleares em funcionamento atingiram, de forma consistente, elevados factores de disponibilidade de 85% ou mais. O desempenho mais elevado em termos de funcionamento ininterrupto foi de 529 dias, com oito reactores a conseguirem funcionamentos contínuos de mais de um ano sem serams, e outros reactores também a registarem um feito quase semelhante. Isto demonstra, de facto, a solidez da tecnologia, da conceção e das competências de operação e manutenção para um funcionamento seguro e fiável das centrais nucleares indianas.

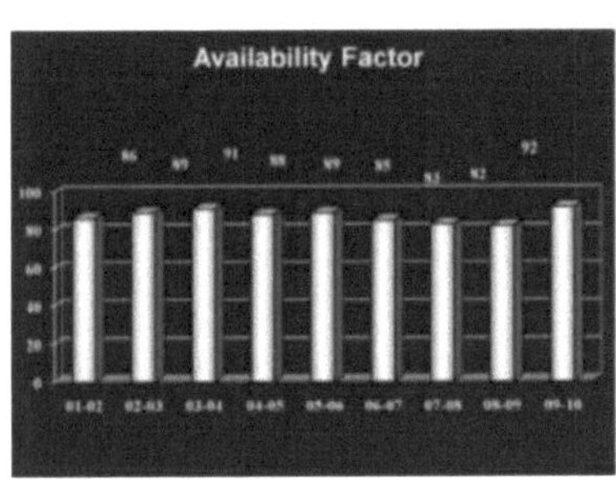

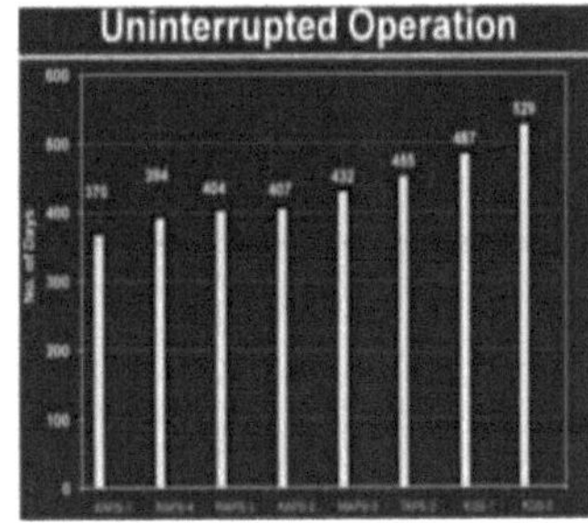

Desempenho de segurança:

O desempenho dos reactores nucleares indianos em termos de segurança tem sido excelente, com cerca de 340 anos de funcionamento seguro, fiável e sem acidentes. As libertações de radioatividade para o ambiente têm sido uma pequena fração dos limites prescritos pelo Conselho Regulador da Energia Atómica (AERB). A dose anual de radiação em torno das centrais nucleares indianas, medida ao longo dos últimos anos, é uma fração insignificante da dose de radiação natural e dos limites regulamentares estipulados.

Construção de projectos de energia nuclear - A gestão do projeto:

A construção de reactores nucleares no país começou com a investigação

APSARA, seguida do CIRUS no início dos anos cinquenta. Estes reactores eram de potência modesta. No entanto, forneceram dados úteis em matéria de tecnologia de construção, preparando o terreno para a construção de reactores nucleares comerciais em Tarupur, TAPS-1&2 (BWR) e Rawatbhata, RAPS-1&2 (PHWR) nos anos sessenta. Seguiu-se a construção de uma série de reactores - MAPS, NAPS, RAPS-3-40-6, TAPS-3&4 - e a construção simultânea de oito reactores, de tecnologia diversa. Durante os anos 2002-2007, a NPCIL demonstrou, de facto, a sua capacidade e a sua capacidade de gestão de projectos de construção de centrais nucleares. Ao longo dos últimos anos, a NPCII desenvolveu e implementou metodologias e estratégias inovadoras na gestão eficaz de projectos, que resultaram na redução dos períodos de gestação e dos custos. A construção e a entrada em funcionamento de TAPS 3&4 e Kaiga-3 em 5 anos, com poupanças substanciais de custos, são prova disso.

Uma comparação entre o tempo de gestação típico de cada país na construção de reactores nucleares em todo o mundo e na Índia mostra inegavelmente a força do país na execução de projectos, comparável aos padrões internacionais.

Life Extension:

A maximização da segurança e da fiabilidade no funcionamento das centrais nucleares é a principal missão da indústria nuclear. As centrais nucleares são concebidas e exploradas segundo uma filosofia de princípios de defesa em profundidade. A avaliação periódica do estado de saúde e a gestão do envelhecimento são parte integrante da tecnologia da energia nuclear para garantir a segurança e a fiabilidade em todas as fases da energia nuclear, incluindo a conceção, a construção, a entrada em funcionamento, a exploração e a gestão dos resíduos. O prolongamento da vida útil dos componentes, equipamentos e sistemas de uma central nuclear é um aspeto fundamental. Além disso, o up-rating, upgrading e, por conseguinte, o prolongamento da vida útil da capacidade de funcionamento equivale a um aumento efetivo da capacidade. Os vários programas para atingir este objetivo são: gestão adequada do envelhecimento, renovação e modernização, melhoramentos de segurança, etc. O programa indiano de energia nuclear reconheceu e adoptou as melhores práticas neste domínio da indústria nuclear; por conseguinte, desde o início do programa de energia nuclear no país, este aspeto tem sido devidamente considerado através de iniciativas estruturadas e sistémicas de I&D. Os principais atributos do programa de prolongamento da vida útil são essencialmente os seguintes

Avaliação da saúde - Desenvolvimento de instrumentos adequados:

A avaliação periódica do estado de saúde é outro aspeto importante da energia nuclear, uma vez que permite um alerta precoce de qualquer degradação dos componentes, equipamentos e sistemas de uma central nuclear. Estes estudos de avaliação do estado de saúde decifram o estado mais atual do equipamento através da comparação da linha de base e dos dados em serviço. O feedback obtido a partir destes estudos tem de ser revisto, avaliado e tratado de forma adequada e atempada. Isto também ajuda a aplicar medidas preventivas e atenuantes e a planear a gestão do envelhecimento/o prolongamento da vida útil. São necessárias ferramentas remotas especiais para a inspeção de áreas centrais inacessíveis com campos de radiação elevados e para a realização de reparações.

Estes foram desenvolvidos pelo NPCIL, BARC e outras instituições do DAE. Alguns deles são: BARC Reator Coolant Inspection System (BARCIS), Non- Intrusive Vibration Diagnostic Technique (NIDVT), e várias outras câmaras especializadas, manipuladores, ferramentas de soldadura, etc. Estas ferramentas têm sido úteis para identificar os locais exactos, determinar a natureza das reparações necessárias e efetuar as reparações necessárias.

Renovação e modernização:

EMCCR em PHWRs:

Os canais de refrigeração foram inicialmente construídos em Zircalloy-2 nos PHWR, e os estudos de avaliação da saúde efectuados durante o funcionamento, utilizando a técnica desenvolvida internamente, revelaram que a sua vida era limitada devido à alteração das propriedades do material sob exposição a radiação intensa, alta temperatura e pressão e ambiente corrosivo. O mecanismo de degradação do material nos canais de refrigeração de Zircalloy- 2 foi estudado e estes foram substituídos por Zircónio-2,5% Nióbio, um material melhor com maiores capacidades para suportar as condições severas de funcionamento. Os tubos de refrigeração de Zircalloy-2 em seis reactores nucleares foram substituídos através da substituição em massa dos canais de refrigeração (EMCCR) na central atómica de Rajasthan-2, na central atómica de Madras-1&2, na central atómica de Narora-1&2 e na central atómica de Kakrapar-1, utilizando tecnologia nacional.

Os níveis de tempo, custo e modo (dose de radiação) na EMCCR têm sido progressivamente reduzidos. Isto foi possível graças à experiência e às inovações introduzidas nas ferramentas e na execução dos trabalhos.

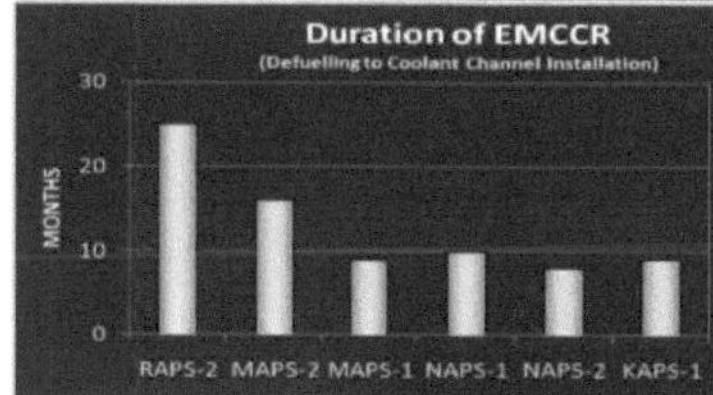

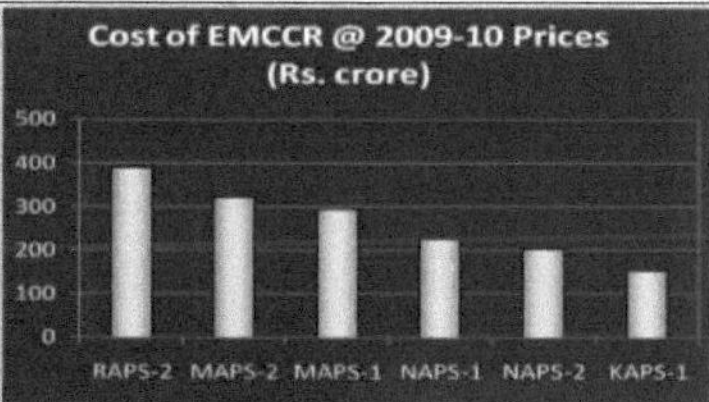

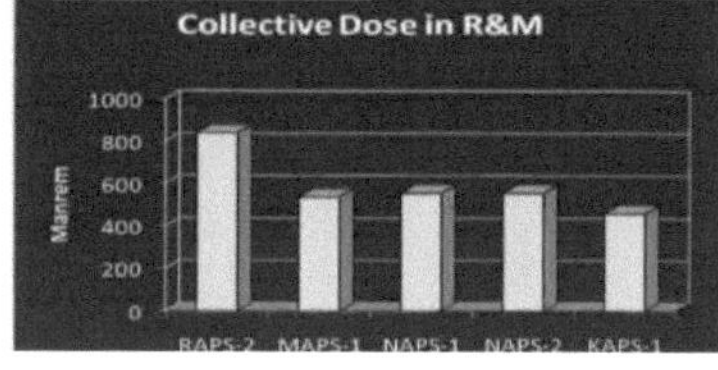

EMFRinPHWR:

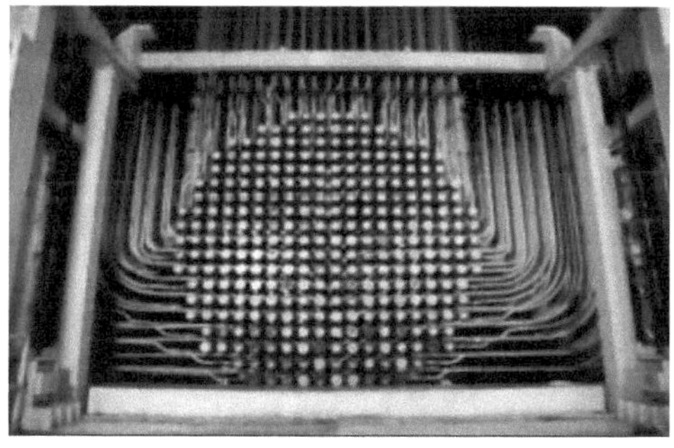

Os alimentadores, feitos de aço-carbono, são um componente importante do sistema de transporte primário de calor (PHT) num PHWR. O afinamento dos alimentadores devido à corrosão assistida por fluxo (FAC) foi observado pela primeira vez em 1995 nos PHWR canadianos. Os estudos sobre o mecanismo da CAA revelaram que a velocidade de fluxo mais elevada na parte de curvatura dos alimentadores, juntamente com o pH do fluido de arrefecimento superior a 10,5, contribuía para a CAA acelerada. A avaliação da saúde dos alimentadores nos reactores nucleares indianos revelou uma CAA inferior à dos PHWR canadianos. Este facto foi atribuído à manutenção do pH do refrigerante primário numa faixa estreita de 10,2 a 10,4. No entanto, para prolongar a vida dos PHWR indianos e sincronizá-la com o EMCCR, foi efectuada pela primeira vez no mundo a substituição em massa dos alimentadores (EMFR) num PHWR na central atómica de Madras-1. Após estudos exaustivos, os alimentadores de aço-carbono existentes foram substituídos por alimentadores de aço-carbono modificados com um teor de crómio de 0,2% W/W - um material mais resistente à FAC. O EMFR foi também, subsequentemente, realizado na central atómica de Narora 1 e 2, na central atómica de Rajasthan 2 e na central atómica de Kakrapar 1.

<u>Substituição do permutador de calor em espiral do gerador de vapor em MAP:</u>

O gerador de vapor num PHWR é um equipamento importante por ser um limite que separa o fluido radioativo (o refrigerante) e o lado secundário. O lado primário (lado dos tubos) do gerador de vapor está sujeito a uma pressão elevada (87 kg/cm²) e a uma temperatura elevada (293 c em 220 MW) do refrigerante de água pesada, e o lado secundário, no lado do casco, a um ambiente hostil resultante da água DM tratada quimicamente a 250 c e 40 kg/cm². Por conseguinte, a avaliação periódica da saúde e as acções adequadas para garantir a saúde da SG são um requisito importante numa central nuclear. A deteção e a correção de fugas nos tubos SG em fases incipientes são essencialmente tentadas para evitar a fuga do refrigerante de água pesada, dispendioso e radioativo, e também para evitar a contaminação do sistema secundário.

Os permutadores de calor em espiral da caldeira da MAPS-1 registaram fugas nos tubos. Na sequência da deteção de fugas nos tubos do gerador de vapor, procedeu-se com êxito à substituição de todos os permutadores de calor da caldeira nas unidades PHWR da MAPS. Com base em exames metalúrgicos pormenorizados, foi efectuada uma melhoria na futura seleção de materiais para os tubos, passando de Monel-400 para Incalloy-800.

<u>Renovação e modernização e atualização da segurança nas torneiras 1 e 2</u>

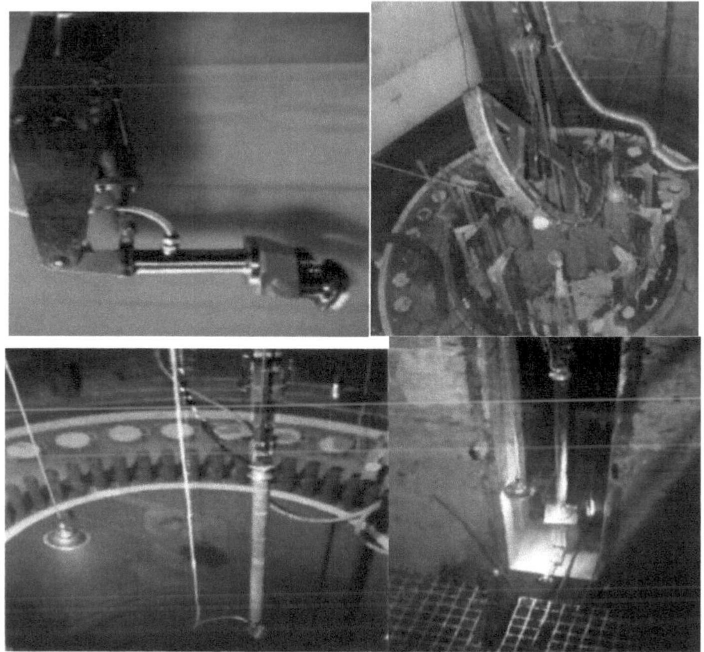

A avaliação do estado de saúde das unidades 1 e 2 de Tarapur foi efectuada utilizando as técnicas mais recentes e avançadas desenvolvidas internamente. A inspeção dos vasos do reator e do invólucro do núcleo e a análise da sua integridade estrutural foram efectuadas com êxito. Com base nestes estudos, a vida útil da central foi prolongada através da substituição de equipamentos/componentes importantes, o que inclui a substituição dos geradores de vapor secundários (SSG). Além disso, a modernização da segurança das unidades também foi concluída com êxito. A modernização foi concluída num prazo recorde de 120 dias, resultando num prolongamento da vida útil de 15 anos. As unidades de Tarpur são as únicas da sua categoria em funcionamento e estão a operar com factores de disponibilidade e capacidade de quase 100%

Missões tecnológicas - Reparações e actividades essenciais:

A BOIL tem sido confrontada com vários desafios especiais que requerem reparações nas áreas centrais de elevado campo de radiação, que foram abordados com sucesso através do desenvolvimento de ferramentas e metodologias remotas adequadas para a execução dos trabalhos, em modo de missão. Algumas das missões importantes realizadas foram as seguintes

- Reparação do para-brisas RAPS-1
- Reparação do Dispositivo de Alívio de Pressão (OPRD) RAPS-1
- Introdução de Spargers em MAPs-1&2
- Reparação no escudo da Kaiga-3
- Reparação de uma fuga na caixa-forte KAPS-1 Calandria.

Reparação do para-brisas RAPS-1:

O primeiro PHWR da Índia desenvolveu fugas na extremidade do escudo na década de 1980. A reparação das fugas foi efectuada com êxito em 1983 no reator PHWR de Arst, na Índia, através do desenvolvimento de ferramentas remotas especiais. Toda a operação foi apoiada por um modelo à escala real e pela qualificação dos procedimentos em .

Reparação do Dispositivo de Alívio de Pressão (OPRD) Raps-1:

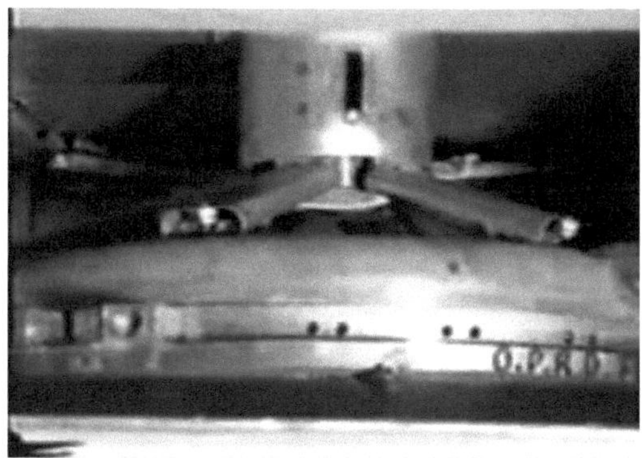

O dispositivo de alívio de sobrepressão (OPRD) da Calandria é um bocal de 800 mm de diâmetro constituído por uma tampa de aço inoxidável, que é mantida em posição por pinos de cisalhamento. Estes pinos partem-se se a pressão interior na Calandria exceder um valor pré-determinado de cerca de 1,76 kg/cm^2(g).

Para garantir uma vedação estanque à pressão entre a tampa e as flanges, é utilizada uma junta de níquel macio. No RAPS-1, foi esta junta de níquel que se danificou devido à atmosfera corrosiva na calandra, levando a pequenas fugas de gás hélio e água pesada da calandra. Após uma avaliação exaustiva, foi decidida uma técnica para formar uma junta metálica Case-in-Situ utilizando um metal especial com baixo ponto de fusão. Esse material deveria permanecer em campos de radiação extremamente elevados, de 52 a 100 mil rad/hora, no interior da calandria. Por conseguinte, tinha de ser resistente às radiações, de modo a não se endurecer e fragilizar em serviço. Para corresponder a estas caraterísticas, foi selecionado um metal especial, o índio, que só era produzido pelo Complexo de Combustível Nuclear, em Hyderabad. Este metal, com uma pureza de 99,9%, cumpria todas as condições estipuladas pelo Conselho Regulador da Energia Atómica.

O conceito consistia em colocar um selo metálico de apoio no interior do selo de níquel existente no OPRD. No entanto, a sua localização remota e crucial num local dentro da calandria e a disponibilidade de apenas uma pequena abertura circular de 3,75 polegadas para a abordar criaram todo o tipo de dificuldades na conceção e desenvolvimento de ferramentas, equipamentos e manipuladores remotos que pudessem ir para o local inacessível e realizar a operação de uma forma perfeita a partir de um ponto acima no topo do convés do reator. Vários desses manipuladores, tais como os manipuladores de vazamento de metal e índio, os manipuladores de monitorização da temperatura, os manipuladores de formação de índio, o manipulador de aquecimento externo OPRD e o manipulador de circuito fechado de televisão (CCTV) interno e externo da Calandria, juntamente com muitas outras ferramentas e equipamentos, foram conceptualizados e desenvolvidos para responder ao desafio.

A reparação foi concluída em segurança durante 1996-97 no primeiro PHWR através de uma operação remota bem planeada num campo de radiação muito elevado

Instalação de Moderator Spargers no MAPS:

Na geração anterior de PHWRS (RAPS e MAPS), foram previstos colectores de entrada do moderador para manter um fluxo adequado de moderador para dissipar o seu calor, limitando assim a temperatura dentro da gama projectada. Os colectores previstos nas MAPS-1 e 2 falharam em 1990, forçando o funcionamento destes reactores com um fluxo reduzido de moderador na calandria, essencialmente para manter a temperatura de saída, o que levou a uma redução forçada da potência nominal destes reactores de 220 MW para 170 MW.

Durante o EMCCR destas unidades, foi concebida, desenvolvida e implementada uma solução tecnológica inovadora, após estudos de caudal pormenorizados. Esta solução implicou a substituição de três tubos de calandria por spargers perfurados. Tratou-se de um trabalho bastante complexo, tendo em conta a laminagem dos tubos Sparger em chapa tubular irradiada e a operação de perfuração e ranhura à distância na chapa tubular. Todas as ferramentas, acionadas remotamente por ar/eletricidade, foram desenvolvidas com êxito e qualificadas na maquete. Esta operação restabeleceu o caudal de moderador necessário na calandria e a potência da unidade foi restabelecida para 220 MW.

Reparação do escudo de proteção da Kaiga-3:

Foi detectada e reparada com sucesso uma fuga de água ligeira no canal 0-10 da junta de soldadura da tripla junção entre a chapa do tubo lateral da calandria, a placa deflectora e o tubo da treliça no escudo da extremidade sul da Kaiga-3. O maior desafio foi restringir a temperatura da junta de laminação do tubo de calandria, que estava a apenas 2-3 mm de distância do local de reparação. Foi tomado o máximo cuidado para evitar qualquer dano a esta junta laminada devido às ferramentas ou à entrada de calor.

Foram utilizadas câmaras CCTV económicas de uso geral. A ideia inovadora da técnica de revelação com secagem cíclica foi utilizada para identificar a localização exacta da fuga. Foram conceptualizados, projectados e fabricados dois conjuntos de ferramentas e dispositivos inovadores, operados à distância. Estes foram utilizados para a maquinação e reparação bem sucedidas do defeito à distância de cerca de 3 m através de uma pequena abertura de 150 mm.

Um planeamento meticuloso e esforços dedicados garantiram a reparação da fuga no tempo previsto e o consumo de manrem.

Reparação de uma fuga na abóbada de Calandria do KAPS-1:

Calandria Vault e deteção de fugas:

Após alguns anos de funcionamento inicial, foi observada uma fuga de água ligeira na calandra (CV) do KAPS-1. Os esforços envidados em várias ocasiões para detetar e localizar esta fuga utilizando as técnicas disponíveis não ajudaram. A abóbada de calandria é uma estrutura retangular de betão armado (13,7 m x 7,46 m x 16 m de altura) que alberga os componentes principais, como a calandria e os escudos terminais. É revestida no interior com chapas de aço-carbono de 5 mm de espessura, que são metalizadas com zinco na superfície interior para evitar a corrosão. O Ither é parte integrante do betão da abóbada e consiste em painéis de chapas de aço-carbono soldadas a uma grelha de elementos de aço estrutural. Nas paredes norte e sul, as protecções das extremidades estão ancoradas e betumadas; nas paredes leste e oeste, estão previstas várias penetrações para diversas tubagens, tais como tubagens do sistema de refrigeração do moderador, tubagens do sistema de refrigeração da água da abóbada, OPRDs, etc. A abóbada é coberta a partir do topo por vigas de betão com 1,8 metros de espessura A abóbada de Calandria (CV) é enchida com água desmineralizada, o que proporciona blindagem e também arrefece o betão. A água da abóbada circula através do sistema de arrefecimento da CV para dissipar o calor. Os campos de radiação no interior da CV são muito elevados, mesmo durante a paragem (cerca de 50000 rad/hora), pelo que não é possível um acesso manual.

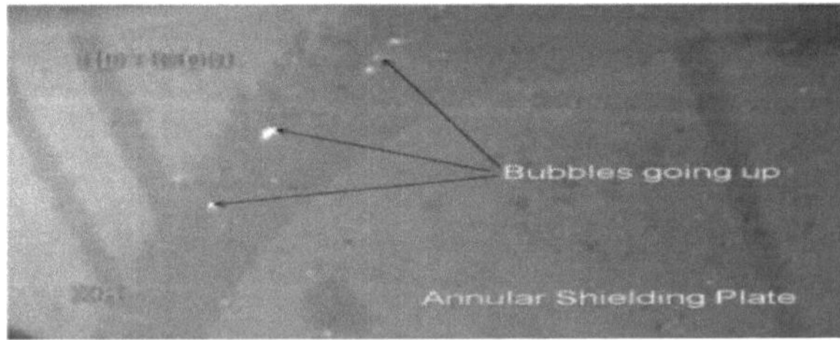

A deteção da localização da fuga e a reparação do defeito foram efectuadas durante os trabalhos de substituição em massa do canal de refrigeração (EMCCR) da unidade KAPS-1. Uma vez que os campos de radiação no interior da CV são muito elevados, todos os trabalhos de inspeção e reparação tiveram de ser realizados à distância. O trabalho envolveu o desenvolvimento de ferramentas especiais, técnicas de inspeção, técnicas de reparação , ensaios em maqueta e qualificação das técnicas, reparações reais, exame e qualificação das áreas reparadas. Foi concebida e construída uma maquete em meia escala da CV. Foram simuladas na parede de betão da maquete a placa de suporte da blindagem de extremidade e as áreas de embalagem seca.

Foram experimentadas na maquete várias técnicas de identificação da localização da fuga, como o método de ensaio de estanquidade por bolhas de ar, o método do corante, o método ultrassónico de deteção de fugas, o termógrafo, etc. De todos estes métodos, o método de ensaio de estanquidade por bolhas de ar foi considerado o mais adequado para esta fuga. Para realizar este ensaio na CV, o ar foi empurrado sob pressão entre a interface do revestimento da CV e o betão e foram observadas bolhas na água da abóbada utilizando uma câmara operada à distância. Para a pressurização do ar, foram feitos furos na zona do bloco seco por baixo do escudo final, onde a água estava a sair. Durante a identificação da localização das fugas, toda a superfície interior da abóbada foi visualizada através de câmaras e dispositivos de iluminação nos quatro cantos da abóbada. Foram detectadas fugas nas soldaduras do tampão da placa de terminais da blindagem final (norte) e na soldadura entre o revestimento adicional (14 mm de espessura) e o anel da blindagem final. Os defeitos foram caracterizados e foi efectuada uma análise da causa raiz.

Reparação de fugas:

Para reparar a fuga do tampão da placa da extremidade do escudo, foram elaborados esquemas para abordar o local do defeito a partir do cofre da máquina de abastecimento de combustível (cofre FM). Foi concebida e desenvolvida a soldadura TIG automática com AVC para efetuar a soldadura de reparação. Foram desenvolvidas ferramentas de soldadura remotas e foram realizados ensaios de maquetas para finalizar a técnica de soldadura e os parâmetros de soldadura. A reparação foi efectuada através da soldadura de um tampão separado no local da fuga, a partir do lado da câmara de FM. Foram efectuados testes de penetração de corante e de fugas em caixas de vácuo para qualificar a soldadura de reparação.

A fuga na soldadura entre o revestimento adicional e o anel do escudo final foi detectada a partir do interior da caixa-forte, baixando o manipulador de soldadura através do orifício na viga da escotilha superior. Foram concebidas e desenvolvidas ferramentas operadas à distância para a limpeza do defeito e para o teste de bolhas de sabão. Foi desenvolvida a soldadura TIG automática com um procedimento especial para se adaptar à geometria do defeito e ao estado da superfície. Foi concebido e desenvolvido um manipulador especial para transportar o dispositivo de soldadura. O manipulador tem a capacidade de localizar e fixar o dispositivo de soldadura no local do defeito, no espaço de 70 mm entre o anel de proteção final e a placa de proteção anular. O manipulador é baixado através do orifício de 110 mm de diâmetro na viga da escotilha superior e operado a partir da plataforma a 3 metros acima da escotilha superior para reduzir o consumo de energia nuclear e de manobra. A soldadura de reparação foi concluída com êxito e foi efectuado um teste de fuga de sabão para qualificar a soldadura de reparação.

O trabalho de identificação e reparação das fugas foi um trabalho muito exigente. O desenvolvimento de ferramentas de soldadura automática operadas à distância e dos seus manipuladores foi um trabalho altamente especializado e complexo. Trata-se de um trabalho notável de reparação no núcleo, efectuado pela primeira vez em PHWRs no mundo.

FUTURO

Algumas pessoas pensam que a energia nuclear veio para ficar e que temos de aprender a viver com ela. Outros defendem que nos devemos livrar de todas as armas e centrais nucleares. Ambos os lados têm os seus argumentos, pois há vantagens e desvantagens na energia nuclear. Outros ainda têm opiniões que se situam algures no meio.

O que é que acha que devemos fazer? Depois de analisar os prós e os contras, cabe-lhe a si formular a sua própria opinião. Leia mais sobre a política das questões ou vá ao fórum para partilhar as suas opiniões e ver o que os outros pensam.

Planos para o futuro:

As necessidades: Embora a Índia seja o quinto maior produtor de eletricidade, cerca de 40% da população do país não tem atualmente acesso à eletricidade. O consumo per capita de eletricidade, que tem uma correlação direta com o índice de desenvolvimento humano, é muito baixo, cerca de 700 KWh por ano, cerca de um quarto da média mundial e muito inferior ao dos países avançados. Existe uma escassez de energia e de picos de potência na ordem dos 10-15%. O rápido crescimento económico é também fundamental para os objectivos de desenvolvimento e para a redução da pobreza. Com efeito, para que haja um crescimento económico sustentado, é necessário um aumento maciço da capacidade de produção de eletricidade, para além do sistema de transmissão e distribuição. A política energética integrada do país prevê a necessidade de uma capacidade instalada de cerca de 778 GW até ao ano 2032, para uma taxa de crescimento de 8%, dos quais a energia nuclear deverá atingir cerca de 63 GW até 2032.

No entanto, dado o perfil dos recursos energéticos da Índia, é inevitável que as necessidades de eletricidade a longo prazo tenham de provir da energia nuclear. Por conseguinte, é necessário prosseguir com determinação o aumento da capacidade em conformidade com o programa em três fases dos FBR para obter um efeito multiplicador, seguido de um sistema à base de tório para assegurar a sustentabilidade a longo prazo da cidade. Os LWR baseados na cooperação internacional desempenharão um papel importante a curto prazo. A integração dos LWR no programa em três fases, quando o combustível usado dos LWR for reprocessado para alimentar os FB a jusante, é crucial para satisfazer as necessidades de eletricidade a longo prazo.

Plano de aumento da capacidade até 2032 e para além desta data:

O plano de aumento da capacidade a médio prazo para atingir uma capacidade de 63 000 MW até 2032 prevê a adição de reactores PHWR autóctones de 4200 MW baseados em urânio natural, 7000 MW de PHWR baseados em urânio reprocessado a partir de combustível usado de LWR, 40000 MW de LWR e o restante através de FBR de 500 MW/1000 MW. Estão também previstos outros reactores, como o reator avançado de água pesada (AHWR), um demonstrador de tecnologia para a utilização do tório e o LWR indiano em desenvolvimento. Para além de 2032, prevê-se que o principal aumento de capacidade provenha dos FBR à base de combustível metálico que estão atualmente a ser desenvolvidos. Prevê-se que o primeiro destes reactores entre em funcionamento nas próximas duas décadas.

Principais objectivos de I&D para o futuro:

Como já foi referido, a adição de novas capacidades e a manutenção das capacidades existentes são fundamentais para dispor de uma grande capacidade de produção de energia nuclear. Embora outras questões como infra-estruturas, financiamento, capacidade e aptidão da indústria estejam a ser abordadas separadamente, a chave será o desenvolvimento da tecnologia. O desenvolvimento de tecnologias de ponta, seguras, fiáveis e acessíveis é da responsabilidade da comunidade nuclear - da nossa responsabilidade. Os objectivos de I&D sustentados e orientados são.

Desenvolvimento de FBRs metálicos:

Os FBR metálicos são fundamentais para proporcionar o efeito multiplicador, dado que têm um baixo tempo de duplicação. É, por conseguinte, crucial assegurar o desenvolvimento bem sucedido do FBR de combustível metálico e da instalação do ciclo do combustível, incluindo o reprocessamento piroquímico para reduzir o tempo de saída da pilha do combustível.

Desenvolvimento das tecnologias da terceira fase e para além da terceira fase:

A demonstração do AHWR e das suas instalações de ciclo de combustível para a utilização do tório e de outros sistemas de queima de tório, o desenvolvimento de sistemas acionados por aceleradores (ADS), o reator indiano de alta temperatura (IITR), o reator de sal fundido, etc.

Tecnologias de gestão de resíduos:

A sustentabilidade da energia nuclear depende da gestão dos resíduos. Assim, a tecnologia avançada de separação e acondicionamento, bem como a eliminação, incluindo o desenvolvimento de depósitos geológicos profundos, são domínios prioritários.

I&D para manter a capacidade de funcionamento durante mais tempo:

As novas técnicas de avaliação do estado de saúde, o desenvolvimento de melhores materiais e tecnologias de fabrico, o desenvolvimento de combustíveis avançados de elevada combustão e fiabilidade e de novas tecnologias de arrefecimento para aumentar a eficiência são as áreas prioritárias.

MARCO NA HISTÓRIA DA ENERGIA NUCLEAR

- Descoberta da radioatividade (1896):** Henri Becquerel descobriu a radioatividade natural, que lançou as bases da ciência nuclear.
- Descoberta do neutrão (1932):** James Chadwick descobriu o neutrão, um componente crucial nas reacções nucleares.
- Descoberta da cisão nuclear (1938):** Otto Hahn e Fritz Strassmann descobrem a cisão nuclear, mais tarde explicada por Lise Meitner e Otto Frisch. Este processo está na base dos reactores nucleares e das bombas atómicas.
- Projeto Manhattan (1942-1945):** O projeto liderado pelos EUA durante a Segunda Guerra Mundial desenvolveu as primeiras armas nucleares, culminando nos bombardeamentos atómicos de Hiroshima e Nagasaki em 1945.
- Primeiro Reator Nuclear (1942):** Enrico Fermi e a sua equipa conseguiram a primeira reação nuclear em cadeia controlada na Chicago Pile-1, marcando o nascimento dos reactores nucleares.
- Primeira central nuclear (1954):** A central nuclear de Obninsk, na União Soviética, foi a primeira central nuclear a produzir eletricidade para uma rede eléctrica.
- Átomos para a Paz (1953):** O discurso do presidente norte-americano Dwight D. Eisenhower sobre os Átomos para a Paz promoveu a tecnologia nuclear pacífica, levando à criação da Agência Internacional da Energia Atómica (AIEA) em 1957.
- Acidente de Three Mile Island (1979):** A fusão parcial da central nuclear de Three Mile Island, nos Estados Unidos, aumentou a preocupação pública com a segurança nuclear.
- Catástrofe de Chernobyl (1986):** A explosão catastrófica na central nuclear de Chernobyl, na Ucrânia, foi o pior acidente nuclear da história, com impactos ambientais e sanitários generalizados.
- Desastre de Fukushima Daiichi (2011):** Um tsunami desencadeado por um forte terramoto provocou a fusão de três reactores na central japonesa de Fukushima Daiichi, suscitando preocupações a nível mundial sobre a segurança nuclear.

- Avanços na fusão nuclear (em curso):** A investigação no domínio da fusão nuclear, em especial em instalações como o ITER, visa desenvolver uma nova fonte de energia mais segura e sustentável do que a cisão nuclear.

A ameaça de proliferação nuclear é um problema grave:

Os norte-coreanos, que o diretor da CIA, Robert Gates, avisou poderem estar a poucos meses de construir uma bomba atómica, fizeram tudo sozinhos. "Coisas que eram muito difíceis para as pessoas mais inteligentes em 1943, são fáceis para as pessoas comuns", diz Richard Darwin, um antigo projetista de armas nucleares. O que ele também insinuou foi que, se os norte-coreanos conseguem fazê-lo, qualquer um pode fazê-lo.

Ao mesmo tempo, o colapso da economia russa está a desencadear uma inundação de minério e outros materiais nucleares nos mercados mundiais. A tentativa do Ocidente de impedir a disseminação de armas nucleares falhou e começou uma nova e muito maior era de proliferação nuclear. "Devíamos ter apontado para o Iraque como um exemplo positivo de que o sistema não funciona e que é preciso pôr em prática algo muito mais agressivo...", admite um alto funcionário dos EUA

Agora, a América e os seus aliados podem estar a enfrentar uma escolha dolorosa: Usar o Rece militar para impedir que a Coreia do Norte e outros países se tornem nucleares, ou aprender a viver num mundo em que quase todas as nações que querem armas nucleares as têm. Um livro branco publicado pelo Ministério da Defesa sul-coreano advertiu ameaçadoramente que o programa de bombas da Coreia do Norte "tem de ser travado a qualquer preço". O subsecretário de Defesa dos EUA, Paul Wolfowitz, diz que "gostaríamos de ver uma solução política para isto. Não é altura de começar a discutir opções militares. Mas não excluímos nada".

A abordagem da Coreia do Norte à construção da bomba é um caso de estudo de como um país determinado pode escapar ao controlo internacional - e sem grande ajuda externa. Os norte-coreanos construíram com sucesso o seu próprio projeto Manhattan sem que nenhuma agência de inspeção internacional os descobrisse. Ultrapassaram com sucesso todos os pontos de controlo da Agência Internacional de Energia Atómica e os seus esforços de inspeção e monitorização. E muitos mais países estão agora a trabalhar na Líbia e na Argélia. A Coreia do Norte chegou mesmo a receber ajuda técnica da AIEA (Agência Internacional de Energia Atómica) na extração de urânio e teve operadores de reactores formados pela União Soviética, no âmbito de um acordo sancionado pela AIEA.

Mesmo a conceção de uma arma nuclear, outrora o segredo mais bem guardado de todos, não é atualmente uma tarefa muito difícil para um físico em qualquer parte do mundo. "O que é confidencial hoje em dia é como construir uma boa arma", diz um cientista sénior, "não como construir uma arma". Os problemas matemáticos que desafiaram algumas das melhores mentes do mundo durante o Projeto Manhattan podem agora ser resolvidos num computador pessoal. Para além disso, já nem todas as melhores mentes do mundo estão no Ocidente. Os cidadãos de Taiwan, da Coreia do Sul e da Índia, por exemplo, são responsáveis por mais de 2600 dos doutoramentos em ciências e engenharia atribuídos anualmente pelas universidades americanas.

Mas com o equivalente a apenas 40 inspectores a tempo inteiro para cobrir cerca de 1.000 instalações nucleares declaradas, a AIEA já tem as mãos cheias. E o que preocupa especialmente muitos peritos nucleares é a possibilidade cada vez maior de uma nação determinada obter acesso direto às tecnologias críticas necessárias para enriquecer urânio ou reprocessar plutónio, bem como aos próprios materiais de grau de armamento. A Argentina, o Brasil, o Paquistão, a Índia, Israel e a África do Sul têm fábricas de reprocessamento ou enriquecimento de urânio em funcionamento.

O problema da proliferação nuclear é exagerado:

O problema da proliferação nuclear é muito exagerado. Devido à confidencialidade do governo e ao facto de os jornalistas ignorantes tirarem as suas próprias conclusões, o público em geral tem sido mal informado. O problema não é assim tão grave e as soluções são muito mais simples do que parecem

Muito poucas pessoas estão de facto suficientemente informadas para compreender que conseguir a bomba é muito mais difícil do que a maioria dos estrategas pensa. Requer uma vasta gama de tecnologias avançadas e uma infraestrutura industrial enorme e dispendiosa. Isto significa que a comunidade internacional continua a ter um "tempo de aquecimento" para tomar medidas para travar potenciais proliferadores. No processo de construção de uma capacidade de armamento nuclear, os Estados proliferadores são altamente vulneráveis a cortes de tecnologia e equipamento, pressões diplomáticas e acções secretas

Até agora, os esforços internacionais de não-proliferação têm sido extremamente bem sucedidos, especialmente tendo em conta os escassos recursos que têm sido dedicados a esta tarefa A lógica intelectual que apoia o congelamento ou a inversão dos programas nucleares em todo o mundo - vencer a batalha" é apresentada numa série de proposições

Proposição 1 - A proliferação nuclear é um problema finito:

A primeira e mais importante proposição é que o problema da proliferação é finito, envolvendo apenas um número comparativamente pequeno de países com problemas graves, e é pouco provável que esse número aumente num futuro previsível. O pressuposto fatalista de que a proliferação continuará indefinidamente em todas as regiões do mundo, e que 20 ou mais países obterão a bomba, não é apoiado nem por provas históricas nem por análises pormenorizadas

Mais importante ainda, nos últimos 10 anos o problema da proliferação tem-se limitado a aproximadamente uma dúzia de nações. Embora 40 a 45 países sejam por vezes citados como tendo a capacidade técnica para iniciar um programa de armas nucleares, a maioria dos países optou clara e deliberadamente por não participar no jogo da proliferação nuclear. Não só mais de 140 países são signatários do Tratado de Não Proliferação, como também alguns desses países (Irão, Iraque, Líbia e Coreia do Norte)

O problema da proliferação nuclear é exagerado:

O problema da proliferação nuclear é muito exagerado. Devido à confidencialidade do governo e ao facto de os jornalistas ignorantes tirarem as suas próprias conclusões, o público em geral tem sido mal informado. O problema não é assim tão grave e as soluções são muito mais simples do que parecem.

Muito poucas pessoas estão de facto suficientemente informadas para compreender que conseguir a bomba é muito mais difícil do que a maioria dos estrategas pensa. Requer uma vasta gama de tecnologias avançadas e uma infraestrutura industrial enorme e dispendiosa. Isto significa que a comunidade internacional continua a dispor de um "aviso atempado" para atuar no sentido de travar os potenciais proliferadores. No processo de construção de uma capacidade de armamento nuclear, os Estados proliferadores são altamente vulneráveis a cortes de tecnologia e de equipamento, a pressões diplomáticas e a acções encobertas. Até agora, os esforços internacionais de não-proliferação têm sido extremamente bem sucedidos, especialmente tendo em conta os escassos recursos que têm sido dedicados a esta tarefa.

O resultado:

Em resultado de todos estes factores, chegou o momento de pensar "em grande" relativamente a uma iniciativa multilateral para "resolver" o problema da proliferação nestes Estados-chave. Um primeiro passo seria reunir uma coligação internacional e um pacote de incentivos para convencer estes Estados a STOP (cessar simultaneamente o funcionamento e a produção) em todas as suas instalações nucleares que produzam material para armas sem salvaguardas Uma iniciativa STOP seria uma excelente medida multilateral de criação de confiança O valor fundamental de uma abordagem STOP é que serviria como um primeiro passo para trazer para a arena do controlo de armamento os países que já proliferaram e que não estão dispostos a recuar imediatamente nos seus programas nucleares, limitando o seu potencial de armas nucleares. Uma iniciativa STOP seria mais fácil de verificar do que uma proposta de zona livre de armas nucleares, porque um Estado só teria de demonstrar que uma instalação específica já não está a funcionar. Isto poderia ser feito de várias formas, incluindo a utilização de meios técnicos de terceiros, sem passar inicialmente pela etapa politicamente difícil de aplicar salvaguardas de âmbito total da AIEA . Um acordo STOP poderia ser celebrado por um período de tempo limitado e continuado se outros Estados da região tomassem medidas paralelas que o Estado iniciador considerasse necessárias antes de a iniciativa se tornar permanente.

Energia nuclear e resíduos:

A energia nuclear não está morta. Funciona em França e em breve funcionará no Japão. Os Estados Unidos dependem dela, com cerca de 110 reactores comerciais que geram cerca de um quinto da eletricidade do país, mais reactores do que qualquer outro país do mundo. A eletricidade de fissão nuclear continua a ser a mais completa fonte de energia disponível para satisfazer a crescente procura dos EUA - a mais limpa e a mais segura das principais fontes Algumas pessoas acharão estas declarações escandalosas. Outros considerá-las-ão nada menos do que senso comum e verdade pura. Portanto, aqui oferecemos duas opiniões

- A energia nuclear é o melhor tipo de energia
- A energia nuclear deve ser eliminada

A ENERGIA NUCLEAR É O MELHOR TIPO DE ENERGIA:

O "perigo" da energia nuclear tem sido completamente exagerado pelo público e pela imprensa. As pessoas estão a confundir centrais nucleares com bombas atómicas só porque ambas funcionam com base no princípio da fissão nuclear. É como se alguns opositores da energia nuclear acreditassem que a abolição do mal menor (a radiação das centrais nucleares que não funcionam corretamente) reduziria de alguma forma o mal maior (a bomba). Este exercício de futilidade ilustra como a maioria das pessoas se sente desesperada e impotente perante o perigo claro e crescente da guerra atómica. A eletricidade atómica, por outro lado, ainda não está fora do alcance de uma ação pública corretiva. Como substituta da bomba, a energia atómica pode ser combatida, protestada e possivelmente derrotada, embora essa vitória não resolva a questão da presença de armas atómicas

A única grande catástrofe que envolveu centrais nucleares foi o desastre de Chernobyl. Desde então, os cientistas soviéticos têm admitido que os reactores de Chernobyl foram mal geridos e não dispunham de muitos dispositivos de segurança importantes. No entanto, desde então, todas as centrais nucleares foram equipadas com as mais modernas medidas de segurança e não se registaram outras catástrofes. As centrais eléctricas existentes hoje em dia são extremamente seguras - muito mais seguras do que outros tipos de centrais de produção de energia,

Mas, apesar de esta catástrofe ter matado um número considerável de pessoas, não serve de concorrência a outras indústrias. Por exemplo, a indústria química tem um vasto inventário de resíduos tóxicos. A indústria automóvel, com o seu omnipresente e insalubre smog, causa 50.000 mortes por ano. De facto, a indústria do carvão, uma fonte de energia concorrente das centrais nucleares, produz danos evidentes devido à chuva ácida e mata cerca de 30.000 pessoas por ano com a poluição atmosférica. De facto, todas as mortes que acabarão por ser causadas pela catástrofe de Chernobyl, a maior catástrofe nuclear de sempre, são inferiores ao número de mortes causadas anualmente pela poluição causada pela combustão do carvão. Relativamente a todas as principais fontes de energia, a energia nuclear é de longe a mais segura, mais limpa e mais eficiente. Uma tonelada de urânio produz mais energia do que vários milhões de toneladas de carvão ou vários milhões de barris de petróleo

Os recursos energéticos actuais, como o carvão e o petróleo, estão a ficar extremamente esgotados e esgotar-se-ão num futuro próximo. Atualmente, as 110 centrais nucleares existentes nos Estados Unidos produzem cerca de um quinto da eletricidade do país. Está provado que a energia nuclear é a fonte de energia mais segura, mais limpa, mais barata e mais eficiente. Grande parte da questão da segurança tem sido desvalorizada, principalmente devido ao medo de um público ignorante. Além disso, está a ser construído um depósito de resíduos muito melhor. Isto não quer dizer que não haja absolutamente nada com que se preocupar - isso nunca poderia ser o caso para nada. A questão é que a energia nuclear, em geral, é o tipo de energia mais eficaz e os seus perigos têm sido exagerados

<u>A energia nuclear deve ser eliminada:</u>

A energia nuclear tem causado muitos desastres e é extremamente perigosa. As nações do mundo têm atualmente bombas nucleares suficientes para matar várias vezes todas as pessoas na Terra. Desastres como os de Chernobyl e Three Mile Island ilustram claramente o potencial catastrófico dos reactores nucleares. O desastre nos Montes Urais da Rússia mostra o potencial destrutivo dos reactores nucleares. Mountains mostra o potencial destrutivo dos resíduos nucleares. Mesmo os danos causados às pessoas pela radiação não são tratáveis com a tecnologia médica atual. Mesmo que a energia nuclear seja uma fonte de energia eficaz, não é a altura certa para a implementar.

As duas nações mais fortes - a Rússia e os Estados Unidos - têm cerca de 50.000 armas nucleares entre si. E se houvesse uma guerra nuclear? Ou se as armas nucleares fossem lançadas por acidente? As explosões nucleares produzem radiação nuclear. A radiação nuclear danifica as células do corpo, o que pode deixar as pessoas doentes ou mesmo matá-las. As doenças podem afetar as pessoas anos após a sua exposição à radiação nuclear. Como cada vez mais países estão a obter armas nucleares, a ameaça de uma arma nuclear ser detonada tornou-se tão grande que se tornou insuportável

Em 1979, o sistema de arrefecimento falhou no reator nuclear de Three Mile Island, perto de Harrisburg, na Pensilvânia. Houve uma fuga de radiação que obrigou dezenas de milhares de pessoas a fugir. O programa foi resolvido minutos antes de ocorrer uma fusão total. Felizmente, não houve mortes. Em 1986, um desastre muito pior atingiu a central nuclear russa de Chernobyl. Desta vez, houve uma grande fuga de radiação. Centenas de milhares de pessoas foram expostas à radiação. Várias dezenas morreram em poucos dias. No futuro, milhares de outras pessoas poderão morrer de cancro causado pela radiação.

Os reactores nucleares também têm problemas de eliminação de resíduos. Os reactores produzem resíduos nucleares, que emitem radiações perigosas. Uma vez que podem matar as pessoas que lhes tocam, mesmo nos anos futuros, os resíduos nucleares não podem ser deitados fora como o lixo normal. Atualmente, os resíduos nucleares são armazenados em piscinas especiais nos reactores nucleares. Os Estados Unidos planeiam transferir os seus resíduos nucleares para um depósito subterrâneo remoto no final da década de 1990. Em 1957, numa lixeira nos Montes Urais, na Rússia, a várias centenas de quilómetros de Moscovo, resíduos nucleares enterrados explodiram misteriosamente, matando dezenas de pessoas

Muitas das vítimas de Hiroshima, Nagasaki e Chernobyl morreram de doenças (sobretudo cancros) causadas pela radiação. Não existe nenhuma técnica médica conhecida para determinar a quantidade de radiação a que uma pessoa foi exposta. Por exemplo, a leucemia (cancro do sangue) só pode ser "curada com um transplante de medula óssea para repor os glóbulos brancos no organismo.

O programa de energia nuclear indiano está totalmente desenvolvido e é graduado em todas as formas de tecnologia de energia nuclear. A fase autóctone é clara, o PowerPoint é robusto e está no bom caminho. O desafio de aumentar rapidamente a capacidade de produção de energia maciça em grande escala constituiu, no entanto, uma oportunidade para continuar a desenvolver a capacidade do país em matéria de adoção e aplicação de diversas tecnologias

É claro que a energia nuclear tem vantagens e desvantagens. As principais desvantagens são o facto de as pessoas comuns ficarem doentes com a energia nuclear, o que se deve principalmente ao facto de a central nuclear funcionar com base no princípio da cisão nuclear, o mesmo princípio em que funciona a bomba atómica.

Os recursos energéticos actuais, como o petróleo e o petróleo, estão a esgotar-se e irão esgotar-se num futuro próximo. O seu melhor substituto é a energia nuclear.

REFERÊNCIAS

Awanish, K, Mishra, VN, Srivastav, LK e Rakesh, B. (2014). Avaliações do estado de fertilidade do solo dos principais nutrientes disponíveis (N, P e K) e micro nutrientes (Fe, Mn, Cu e Zn) em Vertisol do distrito de Kabeerdham de Chhattisgarh, Índia. *Revista Internacional de Estudos Interdisciplinares e Multidisciplinares,* 1 (10): 72-79.

Banton, O., Seguin, MK., e Cimon, MA. (1997). Mapeamento das propriedades físicas do solo à escala do terreno com resistividade eléctrica. *Soil Science Society of American Journal,* 61 : 1010-1017.

Barauah, TC., e Barthakulh, HP. (1997). Um livro didático de análise do solo. *Viskas Publishing House*. Nova Deli, Índia, 102-105.

Baruah, TC., e Barthakur, HP. (1997). A text book of soil analysis. *Vikas publishing house Pvt. Ltd.*

Basavaraj, MK., Chavan, RR., Kaladagi,SR., e Kalashetti, MB. (2015). Um estudo sobre o estado de nutrientes do solo no distrito de Bagalkot do estado de Karnataka, e recomendação de fertilizantes. *IOSR Journal of Environmental Science, Toxicology and Food Technology,* 9 (2): 30-35.

Bashar, MA., Ismadia. e Peter, F. (2001). Análise semi-quantitativa de alterações nos revestimentos do solo por microscópio eletrónico de varrimento e mapeamento de raios X por dispersão de energia. *Colloids and Surfaces A: Physicochemical and Engineering Aspects,* 194 (1-3) : 249-261.

Bell, RW., e Dell, B. (2008). Micronutrients for Sustainable Food, Feed, Fibre and Bioenergy Production. Primeira edição, *IFA*, Paris, França.

Benchimol, G., e de Bruyne, FA. (1965). Medições da constante dieléctrica de materiais sólidos . *Electronic measuring and Microwave Notes*, Philips, 2 : 5-8.

Bernstone, C., Dahlin, T., Ohlsson, T., e Hogland, W. (1998). Cartografia de resistividade DC de estruturas internas de aterros: dois levantamentos pré-excavação. *Environment Geology*, 39 : 360-371.

Butler, J., Roper, TJ., e Clark, AJ. (1994). Investigation of badger setts using soil resistivity measurments. *Zoological Society of London*, 232 : 409-418

Calla, OPN., Baruah, A., Das, B., Mishra ,KP., Kalita, M., e Haque, SS. (2004). Variabilidade da constante dieléctrica do solo seco com os seus constituintes físicos a frequências de micro-ondas e validação do modelo CVCG. *Indian Journal of Radio and Space Physics*, 33 : 125-129.

Chhabra, G., Srivastava, PC., Ghosh, D., e Agnihotri, AK., (1996). Distribuição de catiões de micronutrientes disponíveis em relação às propriedades do solo em diferentes zonas do solo da interbacia de Gola-Kosi. *Crop Research-Hisar*, 11 (3) : 296-303.

Chik Z. e Islam T., (2011). Estudo dos Efeitos Químicos na da Compactação do Solo através da Condutividade Eléctrica. *Jornal Internacional de Ciência Eletroquímica*, 6: 6733- 6740.

Chik, Z., e Islam, SMT. (2012). Encontrando o tamanho das partículas do solo através da resistividade elétrica em investigações de locais de solo. *Jornal Eletrónico de Engenharia Geotécnica,* 17: 1867-1876.

Chilalo, Arsi. (2008).Avaliação do potencial da cafeicultura biológica e do impacto de diferentes árvores de sombra nos parâmetros de qualidade do solo em Yayu Woreda, no sudoeste da Etiópia. *Dissertação de mestrado*, *Universidade de Alemaya,* Etiópia: 111.

Chiu, TF. (1990). Funções e toxicidade dos micronutrientes. *Actas do Simpósio sobre Nutrição de Árvores de Fruto e Gestão do Solo de Pomar, L.R. Chang, (Ed.).* Changhua, Taiwan ROC: 35-43.

Clarke, RM., e Allen, D. (2010). Soil and Related Substances. Freckelton & Selby, I. Freckelton e H. Selby, Editores.

Curtis, JO. (2001). *Transacções em Geociências e Deteção Remota. IEEE*, 29 (1) : 125.

Curtis, RO., e Post, BW. (1964). Estimating Bulk Density from Organic Matter Content in Some Vermont Forest soils (Estimativa da densidade aparente a partir do teor de matéria orgânica em alguns solos florestais de Vermont). *Soil Science American Journal,* 28: 285-286.

Daji, JA. (1996). A text book of soil Science. Media promoters and publishers, Bombaim.

Davood, NK., Mahdi, S., e MahMoud, O. (2012). Avaliação da constante dieléctrica por mineral de argila e propriedades físico-químicas do solo. *Jornal Africano de Investigação Agrícola,* 7 (2): 170- 176.

Defoer, T., Budelman, A., Toulimin, C., e Carter S. E. (2000). Managing soil fertility in the tropics. *Royal Tropical Institute, Kit Press,* Reino Unido.

De-Neve, S., Van, DSJ., Hartman, R., e Hofman, G., (2000). Utilização da reflectometria no domínio do tempo para monitorizar a mineralização do azoto da matéria orgânica do solo. *Jornal Europeu de Ciência do Solo,* 51: 295-304.

Dermatas, D., Chrysochoou, M., Pardali, S., e Grubb, DG. (2007). Influência da preparação de amostras por difração de raios X na mineralogia quantitativa: implicações para o tratamento de resíduos de cromato. *Journal of*

Environmental Quality, 36 : 487-497.

Deshmukh, KK. (2012). Estudos sobre caraterísticas químicas e classificação de solos da área de sangamner, distrito de Ahmadnagar, Maharastra. *Rasayan Journal of Chemistry*, 5(1) : 74-85.

Dudley, RJ. (1975). A utilização da cor na discriminação entre solos. *Journal of Forensic Science Society*, 15(3) : 209-218.

Dutta, M., e Ram, M. (1993). Estado dos micronutrientes em algumas séries de solos de Tripura. *Journal of Indian Soil Science.* 41 (4) : 776-777.

Edgerton, AT., Mandl, RM., Poe, GA., Jenkins, JE., Soltis, F., e Sakamoto, S. (1968). Medições passivas de micro-ondas de neve, solos e sistemas de água de gelo e neve. *Relatório técnico n.º 4, Aerojet General Corporation, El Monte,* Califórnia.

Ehlers, W., Kopke, W., Hesse, F. e Bohm, W. (1983). Resistência à penetração e crescimento radicular da aveia em solo de loess lavrado e não lavrado. *Soil and Tillage Research*, 3 : 261-275.

Evett, JB. (2008). Soils and Foundation. *Nova Jersey: Pearson International.*

Eylachew, Z. (1999). Caraterísticas físicas, químicas e mineralógicas selecionadas dos principais solos que ocorrem nas terras altas de Chercher, no leste da Etiópia. *Ethiopian Journal of Natural Resource*. 1 (2) : 173-185.

FAO. (1976). A Framwork for Land Evaluation, FAO Bulletin 32, FAO/UNESCO, França.

Fitzpatrick, RW. (2009). Soil: Forensic Analysis, em Wiley Encyclopaedia of Forensic Science, A. Jamieson e A. Moenssens, *Editores, John Wiley & Sons: Chichester*: 2377-2388.

Foth, H.D. (1990). Fundamentals of soil science, *8th Ed. John Wiley and Sons, Inc.,* Nova Iorque, EUA: 360.

Foth, HD., e Ellis, BG. (1997). Soil fertility, *2nd Ed. Lewis CRC Press LLC,* EUA: 290.

Fukue, M., Minato, T., Horibe, H., e Taya, N. (1999). As microestruturas de argila dadas por medições de resistividade. *Engineering Geology,* 54 : 43- 53.

Fultz, B., e Howe, J. (2013). Difração e o Difractómetro de Pó de Raios X. *Microscopia Eletrónica de Transmissão e Difractometria de Materiais, Terceira edição,* Springer*:* 1-462.

Gadani, DH., e Vyas, DA. (2008). Measurements of complex dielectric constant of soils of Gujarat at X- and C-band microwave frequencies. *Indian Journal of Radio and Space Physics,* 37 : 221-229.

Geri, A., Veca, GM., Garbagnati, E., Sartorio, G. (1992). Comportamento não linear de eléctrodos de terra sob correntes de sobretensão de raios: Modelação por computador e comparação com resultados experimentais. *IEEE Transaction on Magnets*, 28 : 1442-1445.

Giao, PH., Chung, SG., Kim, DY. e Tanaka, H. (2003). Imagens eléctricas e ensaios de resistividade em laboratório para investigação geotécnica dos depósitos de argila de Pusan. *Journal of Applied Geophysics,* 52 : 157-175.

Goldstein, J., Newbury, DE., Joy, DC., Lyman, CE., Echlin, P., Lifshin, E., Sawuer, L., e Michael, JR. (2007). Microscopia eletrónica de varrimento e microanálise de raios X. *Terceira edição ed.: Springer.*

Hue, NV., e Amien, I. (1989). Deterioração do alumínio com adubos verdes. *Comunidade e Ciência do Solo e Análises de Plantas,* 20: 1499-1511.

Indoria, AK., Sharma, KL., Reddy, SK., e Rao, CS. (2016). Papel das propriedades físicas do solo na gestão da saúde do solo e produtividade das culturas em sistemas de sequeiro-II. *Tecnologia de gestão e produção de culturas Ciência atual,* 3 (110): 320-328.

Intalab, S., e Sodthisong, E. (1979). Efeitos da aplicação de zinco na produção de feijão-mungo em solos calcários. *Relatório anual de 1979. Divisão de Ciência do Solo*, Departamento da Agricultura, Tailândia.

Jackson, ML, 1973. Soil Chemical analysis, *Prentice- Hall, Englewood Cliffs, New Jersy,* 470 - 490.

Jain, P., e Singh, D. (2014). Análise da diversidade físico-química e microbiana de diferentes variedades de solo recolhidas em Madhya Pradesh, Índia. *Revista académica de ciências agrícolas*, 4 (2): 103-108.

Jain, SA., Jagtap, MS., Patel, KP. (2014). Caracterização físico-química do solo agrícola utilizado em algumas aldeias de Lunawada Taluka, Dist : Mahisagar (Gujarat) Índia. *Jornal Internacional de Publicação de Ciência e Pesquisa,* 4 (3): 1-5.

Jayaprakash, R., Vishwanath, SY., Punitha, BC., e Shilpashree, VM. (2012). Distribuição vertical de propriedades químicas e estado de macro nutrientes em perfis de solo de cultivo de areca não tradicionais de Karnataka, *Indian Journal Fundamental and Applied Life Science*, 2: 59 -62.

Jenny, H. (1941). Factores de Formação do Solo: Um Sistema de Pedologia Quantitativa. *Publicação McGraw-Hill*: 56-70.

Jian, L., Xiyong, W., e Long, H., (2014). Propriedades físicas, mineralógicas e micromorfológicas do solo expansivo tratado a diferentes temperaturas. *Journal of Nanomaterials*, 2014: 1-7.

Kachanoski R.G., DeJong E., e Van-Wesenbeeck I.J., (1990). Field scale pattern of soil water storage from non contacting measurements of bulk electrical conductivity, *Canadian Journal of Soil Science*, 70 : 537-541.

Kalinski, RJ., e Kelly, WE. (1993). Estimativa do teor de água dos solos a partir da resistividade eléctrica. *Geotechnical Testing Journal,* 16 : 323-329.

Kardol, P., Bezemer, TM., Vanderputten, WH. (2006). Variação temporal na relação planta solo feedback controla a sucessão. *Ecology Letters,* 9 : 1080-1088.

Kekane, SS., Chavan, RP., Shinde, DN., Patil, CL., Sagar, SS. (2015). Uma revisão sobre as propriedades físico-químicas do solo. *Revista Internacional de Estudos Químicos* 3 (4): 29-32.

I want morebooks!

Buy your books fast and straightforward online - at one of world's fastest growing online book stores! Environmentally sound due to Print-on-Demand technologies.

Buy your books online at
www.morebooks.shop

Compre os seus livros mais rápido e diretamente na internet, em uma das livrarias on-line com o maior crescimento no mundo! Produção que protege o meio ambiente através das tecnologias de impressão sob demanda.

Compre os seus livros on-line em
www.morebooks.shop

info@omniscriptum.com
www.omniscriptum.com

Printed by Books on Demand GmbH, Norderstedt / Germany